LYKKE

刻意放手

向最幸福的人学习幸福

[丹麦] 迈克 · 维金（Meik Wiking）著　李想 译

中信出版集团 · 北京

图书在版编目（CIP）数据

刻意放手：向最幸福的人学习幸福 / (丹) 迈克·维金著；李想译. -- 北京：中信出版社, 2018.8（2019.9 重印）

书名原文: The Little Book of Lykke:The Danish Search for the World's Happiest People

ISBN 978-7-5086-8767-4

Ⅰ. ①刻… Ⅱ. ①迈… ②李… Ⅲ. ①幸福－通俗读物 Ⅳ. ①B82-49

中国版本图书馆CIP数据核字(2018)第049577号

刻意放手：向最幸福的人学习幸福

著　　者：[丹麦]迈克·维金
译　　者：李　想
出版发行：中信出版集团股份有限公司
　　　　（北京市朝阳区惠新东街甲4号富盛大厦2座　邮编　100029）
承 印 者：北京利丰雅高长城印刷有限公司

开　　本：787mm × 1092mm　1/32　　印　　张：9　　字　　数：200千字
版　　次：2018年8月第1版　　印　　次：2019年9月第2次印刷
京权图字：01-2018-2265　　广告经营许可证：京朝工商广字第8087号
书　　号：978-7-5086-8767-4
定　　价：58.00元

关于作者

迈克·维金是哥本哈根幸福研究所的首席执行官，也是世界知名的幸福研究领域专家。他致力于理解快乐、主观幸福感和生活质量，同许多国家的研究者一起发现并探索生活满意度的全球变化趋势。只有这样一位将自己的精力全部贡献给幸福研究的人，才会坐在世界各地的咖啡馆里数人们笑容的次数。

他的第一部作品《丹麦人为什么幸福》（*The little Book of HYGGE: The Danish Way to Live Well*）成为了全球畅销书，并在31个国家和地区出版。

目 录

第一章　寻宝之旅 …… 1
第二章　如何衡量幸福 …… 15
第三章　凝聚感 …… 27
第四章　金钱 …… 71
第五章　健康 …… 119
第六章　自由 …… 155
第七章　信任 …… 193
第八章　与人为善 …… 231
第九章　把点连成线 …… 267
图片来源 …… 280
致谢 …… 281

第一章

寻宝之旅

寻宝之旅

“山姆，我们抱着什么信念？”

“我们相信这个世界并非不可救药，佛罗多，它值得我们为之战斗。”

正如英国作家托尔金在代表作《魔戒》中的这段经典对话。海明威也曾写道：“这世界如此美好，值得人们为之奋斗。”当下，人们注意到奋斗的过程比发现世界的美好容易多了。抱怨天空和乌云的阴霾动动嘴皮就能做到，或许我们都应该如勇者山姆怀斯那样，不是像他一样长着一双毛茸茸的脚，而是学习他发现周围世界的美好的积极态度。

我有个朋友叫瑞塔，她在苏联时期的拉脱维亚长大。那里虽不是《魔戒》中的黑暗领地魔多，但恐惧和猜疑贯穿那段时期，每扇窗都有窗帘遮着，物资缺乏构成并主导了人们的生活。有时候，会有卡车拉着越南产的香蕉来到家门口，我的这位朋友和她家人则会尽可能多地购入香蕉，直到拿不动或者把所有钱花光才停手，因为他们不知道下次买到这些紧俏物资要等到什么时候。

然后就开始了新一轮的等待，刚买来的香蕉还是青的，不能马上食用。为了让水果快点熟，家人会把它们放在暗房里。在这样一座灰蒙蒙的城市里，看着香蕉逐渐由绿变黄的过程就像见证魔术。作为小朋友，瑞塔以为世上只存在黑、灰、棕这三种颜色。她的爸爸决心改变这一切，并带她在城里展开了一场寻宝之旅，目的是寻找其他颜色，发现世界的美和善。

这正是我写这本书的意图：带领各位读者寻宝，去追求幸福快乐，发现世上存在的美好，然后把这些统统展示出来，再一起散播出去。书籍是表达观点的绝佳载体。我的上一本书《丹麦人为什么幸福》（*The Little Book of HYGGE : The Danish Way to Live Well*）[①]同大家分享了丹麦日常幸福的理念。那本书里，我鼓励读者着眼于生活中简单的快乐，甫一问世，来自世界各个地方的信件就像雪片一样飞来。

① 在作者的上一本书中，他曾提出丹麦人的幸福理念：HYGGE，它很难被翻译成准确的中文，意指亲密的关系，放松的心情，温暖，美好，愉悦，享受当下。——编者注

LYKKE

LUUH

KAH

其中一封来自英国的萨拉，她是一群5岁小朋友的老师，萨拉长期关注儿童心理健康问题，并对快乐如何影响孩子学习能力这一话题感兴趣。信中她写道："我读了你的书，决定将HYGGE这一生活理念介绍给我的学生们。"她告诉我孩子们用小彩灯装饰教室，相互之间分享点心，点一根蜡烛并享受讲故事的时刻。"为了让大家感觉更舒适，我们甚至还在网上找了段壁炉中火苗燃烧的视频，并把它投影在电子白板上。在圣诞节后那些阴郁的冬日里，这让整个班的孩子和老师们都变得非常开心。我曾尝试去分析HYGGE对孩子们健康状况的影响，他们放松和充满笑容的表情足以解释这一切！"

这就是我作为哥本哈根幸福研究所首席执行官的主要工作内容，即分析、理解并创造幸福。在这个研究所里，我们探寻人类幸福快乐产生的原因和带来的影响，并致力于提高全球各地人们的生活质量。

我的工作使我可以与来自世界各国的人交流，从哥本哈根的市长到墨西哥路边小吃摊的经营者，从印度的出租车司机到阿拉伯联合酋长国的幸福部长。这样的经历教会了我两件事：第一，无论我们是丹麦人、墨西哥人，抑或印度人、阿联酋人，或者其他任何国籍，我们首先是人。可能同预想的不大一样，但我们彼此间其实没什么不同。哥本哈根和瓜达拉哈拉市民希望的事情，同住在纽约、新德里和迪拜的人们所梦想的一样，都是"幸福"。LYKKE在丹麦语中的意思是"幸福"或"快乐"，但倘若你是西班牙人、德国人或法国人，这个词对应的则分别为felicidad、Glück或bonheur。不管你如何表达这个词，围坐在一起讲故事时，孩子们都会发自内心地微笑。

几年前，我同一群朋友在意大利滑雪。一天结束行程后，我们坐在小木屋的阳台上享受阳光的照耀，品尝着咖啡。有人突然意识到冰箱里还有吃剩的比萨，“这就是幸福吗？我觉得是的。”我叫出声来。我不是唯一一个这么认为的人。尽管那天阳台上的朋友们来自不同国家，有丹麦、印度和美国，但我们都认为坐在3月柔和的阳光下，眺望着被白雪覆盖的巍峨的山峰，同朋友们分享食物，这几乎就是幸福的感觉。或许我们出生在不同的大陆，在不同的文化中成长，接受着不同语言的教育，但我们一致认为这就是幸福。

从更高的层面和更科学的角度讲，我们可以借助与幸福相关的数据来理解。幸福的人们有什么共同之处？不管你是来自丹麦、印度还是美国，幸福的共同特性是什么？在健康领域，这方面的研究我们已经做了很多年了，比方说，百岁老人长寿的共同特点是什么？在做了这些研究之后，我们得知酒精、烟草、体育锻炼和饮食习惯都会对一个人的预期寿命起作用。在幸福研究所，我们也采用相同方法去弄清楚到底是什么影响着幸福、生活满意度和生活质量。

现在请允许我带领各位前往幸福研究所的大本营，幸福之都——哥本哈根。

丹麦："幸福感"超级强国？

现在是哥本哈根当地时间下午4点。下班的人们纷纷前往学校接孩子，脚踏自行车的上班族们让大街小巷充满生机。

一对夫妻在河岸边散步，他们两人共同享受着52周的带薪孕产假和陪产假。一群学生在港口干净的水域中游泳嬉戏，他们无忧无虑，不仅因为他们上大学免学费，还因为他们每人每月能从政府那里领到税后590英镑①的补助。在丹麦，所有事情都运行得如此顺畅。好吧，几乎所有。4年前，有一列火车延误了5分钟到达，车上每位乘客都收到了来自首相的道歉信，外加一把依据自己喜好挑选的富有设计感的椅子作为补偿。

过去的10年里，连新闻标题都是这样的，难怪丹麦多少有些被当作是"乌托邦"。

① 根据最新汇率，1英镑约为8.6元人民币。——编者注

丹麦：世界上最幸福的国家

哥本哈根：幸福快乐之都

在丹麦，快乐一直是本季潮流

世界上最幸福的地方

丹麦：再次赢得“世界最幸福国家”这一官方殊荣

据《世界幸福报告》：你应该在丹麦生活

B.T.

我需要申明一件事，那就是无论作为研究幸福的专家，还是公民，我都是丹麦坚定的拥护者。当我看到7岁的小朋友可以安全地骑着自行车自己去上学，我会微笑。当我看到咖啡厅里的家长们丝毫不担心把熟睡的孩子放在街边的婴儿车中，我会微笑。当我看到人们在哥本哈根内河港口干净的水中游泳，我会微笑。

这里有免费的全民医疗保险制度，不管你收入如何，你的孩子都可以进入大学深造，还可以尽情畅想未来自己成为首相的样子。在联合国连续数年发布的《世界幸福报告》中，这样一个和平的国家能成为世界上最幸福的国家之一，我一点不感到意外。

但这不足以证明丹麦是一个完美的社会，只能说明丹麦为国民提供了优越的条件，使他们享受较高的生活质量，拥有高度幸福感。正如在去年的统计中，日本人有着全世界最长的预期寿命，但这并不意味着每一个日本人都能活到83.7岁。

丹麦或许经常在世界最幸福国家的排名中位居榜首，但我们应该知道这些排名是以平均数为基础的。比如说，在最近的《世界幸福报告》中，受访的丹麦人在0分到10分的范围内给出了7.5分的平均分。

尽管丹麦在有些方面取得了非常不错的进展，另外有些方面则每况愈下。斯堪的纳维亚国家在幸福指数上的排名很靠前，但关于幸福这件事并不是丹麦人、挪威人或瑞典人所独有的。丹麦的生活使我领悟到，在提高生活质量方面我们可以向斯堪的纳维亚国家学到很多，我们也可以从世界各地的人们那里得到启发。通往幸福大门的钥匙散落在世界各处，把它们收集起来是我们应该做的事。

仔细阅读《世界幸福报告》就会发现，在世界上最幸福的几个国家和最不幸福的几个国家之间，存在着4分的分差，其中3分可以用这六个因素解释：团结或社群意识、金钱、健康、自由、信任和友善。每一个指标我都会单辟一章来讲述，每一章会探索为什么这些因素影响着人们的幸福程度，我们会从世界各地的人们那里学习幸福的配方，然后发掘能使自己变得幸福的方法，最后再把这些方法结合起来，拼成一幅搜索幸福的寻宝图。

同时，即便是在同一个国家，不同的人对幸福感的认知也存在着巨大差异。换句话说，在丹麦你可以找到非常快乐幸福的人，也能见到极度抑郁忧伤的人。这个规律对居住在非洲的多哥人一样适用。我们固然可以借此来窥探各个国家的政策，但分析人们的行为和对生活的看法则更有说服力。

所以，世界上最幸福的那群人有什么样的共同特性？谈到幸福时，我们能从各国借鉴到什么？为了让自己更幸福，我们自己能做些什么？这些将是本书力求回答的问题，揭开世界上最幸福的那群人的秘密，并寻找身边存在的美好。让我们一起开始寻宝的旅途吧！

第二章

如何衡量幸福

如何衡量幸福?

2016年11月9日，凌晨5点，酒店的紧急警报铃把我从睡梦中惊醒。彼时，我住在巴黎市中心，准备接受几家媒体采访，这座城市即将见证恐怖袭击一周年的关键节点。

酒店的房客们披着浴袍，睡眼惺忪地聚集在大堂外。5点30分左右，紧急状况解除，但我的睡眠却被毁了。肾上腺素在体内奔腾着，加上我刚从亚洲回来，体内的生物钟比现在时刻快了7个小时。我打开手提包，准备掏出笔记本电脑开始工作，这才发现我竟然把新买的电脑落在了飞机上！（由此得出了个教训，下飞机前务必检查前面座位后的口袋！）更糟的是，我在那台丢失电脑里备份了本书的前几章。

挫败感裹挟着疲倦袭来，让我对自己非常生气。这种情况下我需要一些好消息，然后意识到美国大选的计票接近尾声了，看看美国首位女总统候选人的竞选演讲应该能让我开心起来，于是我打开了电视。

那天我一口气接受了8个采访。8位记者或多或少都问到了这个问题：“你是研究幸福的专家，你有多幸福？”

我有多幸福？我的感觉能被量化吗？我又如何测量幸福呢？

数十年来，世界通用的衡量幸福的方法可以总结为：设想两个久未见面的朋友重逢。一位问：“过得怎么样？”另外一位回答：“我一年能赚40 800欧元。”没人会这么聊天，但传统意义上我们的确这样推测一个人是不是幸福。人们一直说金钱就等于幸福，事实上，金钱或许能让你幸福，但绝不是达成幸福的唯一条件。

不幸的是，我们最近也还在用着上述的方式衡量幸福。收入水平同幸福、快乐和生活质量成正相关，人均国内生产总值作为一国发展程度的指标。究其原因，无论国家收入还是个人收入，都是客观的，易衡量的。但幸福却不是，一个人感觉到幸福的程度是主观的。

这也是在我解释幸福研究所致力于衡量幸福后，很多人的第一反应。

“幸福这么主观，你如何衡量？”

是的，幸福当然很主观，幸福也本应如此。对我而言，这不是个问题。在研究中，我所关心的是：对于你自己的生活，你有什么自己的感受？这个问题的答案才是有研究价值的。我坚信，幸福与否的最准确判断源于自己。你的感受是我采纳的新度量标准，然后我会试着理解这种感受。你的邻居拥有豪宅、好车和完美配偶，如果你感到比他幸福，那么对我们研究者来说，你就是忠于自己感受做了正确的事。

分析主观的度量指标很难，但并非难以实现。我们经常会正视并努力克服自身的压力、焦虑和抑郁，这些也都是主观感受。最后得出的结论往往是：作为个人，我们应该如何感知自己的人生。

对不同的人而言，幸福代表着不同的事物。不同的人对幸福的认识也不同。每个人都将不同事物称作是“幸福”，从科学研究的角度讲，这也使衡量幸福的任务变得艰难。所以，我们要做的第一件事就是：将幸福的概念分解为不同的方面，逐一衡量。

举例说，如果要对经济走势进行解读，则可以从GDP（国内生产总值）、经济增长速度、利率水平和失业率等方面进行考量。每一个指标都给了我们额外的信息来分析经济的走势。衡量幸福也是如此，下面涵盖了诸多因素。我们将“幸福”这一概念进行分解，并仔细观察每一个部分。让我们回到巴黎的那个揪心的早上，我那时候幸福吗？

那时候我感觉如何？丢了电脑的我极度懊恼，加上疲倦，得知很多美国人将面对艰难的四年，我又很难过。总之，我很愤怒，又累又伤心。快乐和幸福？完全感受不到，跟坐在阿尔卑斯山洒满阳光的阳台上与朋友一起享用比萨的情境相比，可谓差之千里。但从另外的角度来看，我当时在周游列国参加自己的新书宣讲会，有幸同来自世界各地的人们畅谈自己的工作和对幸福的研究，命运和生活其实待我不薄。

幸福的三个维度

研究幸福的第一个课题，是学会将眼前的快乐从整体的幸福中区分出来。我们分别称这两种状态为“情感维度”和“认知维度”。

情感维度，也可以叫享乐维度，反映了人们每天经历的感情变化。回想一下，你昨天是沮丧、难过、焦虑还是忧愁？你笑了吗？你开心吗？你感受到爱了吗？

要探讨认知维度，则需要退一步来回顾自己之前整段的人生轨迹。整体上你对生活有多满意？你有多幸福？想一想自己的生活最好能好到什么样，最差能差到什么地步。目前处在怎样的水平？对你而言，所能想到的最好的生活可能跟名誉和财富相关，或者能赋闲在家，给孩子提供家庭学校般的教育。对我来说，这些都是合理的梦想。当试着评价幸福时，“你的梦想是什么？”和“你离所梦想的生活方式有多接近？”都是需要弄清楚的重要信息。

当然，情感维度和认知维度二者相关联，在一定程度上还有重合。如果你的日常生活充满积极情绪，那么很可能对整体人生有着更高的满意度。同样，尽管我们可能今天早上过得特别不顺，但并不妨碍得出自己生活美满的结论。

再从稍微复杂的角度看一看，现在允许我提出第三个维度eudaimonia，即目的和使命维度。这个词在古希腊语中意为“幸福”，基于亚里士多德对幸福认知的解释。对这位伟人来说，好的生活是有意义的，带有目的和使命。这本书将主要聚焦整体的满意度，即认知维度上人们对生活的感受，我们也会探讨日常情绪、目的和使命感。

当列出并确定这三个维度后，在理想状况下，幸福研究所将在一定的时间段内追踪监测一些人。不是那种让人紧张的偷窥，而是科学的监测。

在较长的一段时间内，我们对一大群人进行监测，来了解他们生活中的变化对幸福起何作用。假设我追踪包括你在内的一万个样本，那么在随后的10年里，每个人身上都会有很大的改变，这些也将影响着幸福。这些人当中，有的恋爱，有的失恋；有的升职，有的被炒；有的搬去伦敦，有的离开自己的城市；有的伤了别人的心，有的被别人伤害。在这10年里，生活一定有起有落，我们一定会尝到胜利和失败的滋味，至少有一位粗心大意，身着肘部打着补丁上衣的研究人员把自己的电脑落在了飞机上。这些生活中的事件和变故会对幸福的三个维度产生什么影响？收入翻倍、结婚或搬到乡村会改变生活满意度吗？这些是我们试图理解的问题。

《世界幸福报告》中的幸福指数平均分数

2013—2017年

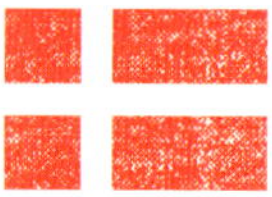

第一名

丹麦

7.57

第二名

瑞士

7.56

第三名

挪威

7.55

幸福指数平均数值（10为满分）

冰岛：7.48	爱尔兰：6.97
芬兰：7.41	卢森堡：6.93
加拿大：7.4	比利时：6.93
荷兰：7.4	墨西哥：6.9
瑞典： 7.35	巴西：6.85
澳大利亚：7.3	阿曼：6.85
新西兰：7.28	德国：6.84
以色列：7.26	阿拉伯联合酋长国：6.81
奥地利：7.17	英国：6.79
哥斯达黎加：7.16	巴拿马：6.77
美国：7.07	新加坡：6.66
波多黎各：7.03	智利：6.65

可能你会注意到，一般情况下，那些居住在乡下的人比在大城市更快乐，也许搬到乡下后，人们的幸福感也会随之增加，但这一现象产生的原因和影响并不总是确定的。对于那些搬到城市居住的人们，他们变得没那么开心不见得是大城市本身导致的，可能他们就是这样的性格。那些被大城市吸引的人或许更有野心，缺点就是他们会习惯性地对现状不满。理想情况下，我们应该找一对双胞胎来做这个实验，自出生那一刻起就把他们分开，然后抛硬币决定谁应该一辈子生活在城里，谁要待在乡下。但是，政府并不允许这么做。

换句话说，有太多的不可控因素，研究“幸福科学”的过程布满陷阱。如果以这个作为借口，懒散地说一句“我做不来”，那永远也别想在这个领域里获得新知识。迄今为止，世上还没有人能说服我用科学的手段去研究幸福是错误的。尽管会出现各种各样的谬误和失败，但作为人类，拥有无穷无尽的好奇心和想象力使我骄傲。望着苍茫天空中那颗红色、荒凉的星球，只有人类会琢磨：怎么才能到那里去？为什么不试着突破一下界限，来提高生活的质量呢？在我看来，行为习惯中小小的改变就可能在潜移默化中提升幸福感，伟大的事情有时始于微不足道的开端。

第三章

凝聚感

美食和火的仪式感

在我度过童年时期的夏天小木屋对面，是一大片草甸。那里的草可以长得很高，以至于我和哥哥能在这片绿毯上开辟出很多条隧道，一玩就是好几个钟头。每年6月，这片草地会被整修一番，草被剪短后的清新味道一直停留在脑海里，让我时不时穿越回童年。

收割的草被扎成捆，在盛夏的艳阳下慢慢变黄。那时，我很确信这一捆捆草就是北欧神话中超自然巨人（jætter）遗落在凡间的大号乐高玩具。我和其他孩子用这些草捆盖房子、搭迷宫，直到这片草地被彻底清理，为夏至篝火腾出地方。夏至可能是其他宗教流传下来的仪式，但它至今都是我最爱的传统节日。当太阳渐渐落到北欧的地平线上，天与地之间仍然一片光明，这时候全国都会燃起熊熊的篝火，庆祝仲夏节的到来。你只需要记住：丹麦人可是维京人的直系后裔，所以我们喜欢看东西被点燃的样子，无论是篝火、蜡烛还是村庄。

我光脚站在草地上，脸被温暖的篝火烘烤着，手里攥着一块刚出炉的新鲜面包，父母把手搭在我的肩上，我说不清什么是幸福，但现在我很确定就是这种感觉，而且我要把自己的事业倾注在理解当时的感觉上。作为孩子，那时没有恰当的词语去形容这种感受，但我知道，除了幸福以外，我还有群体的感觉，归属和家的感觉，我属于这里。

火和食物将人们凝聚在一起的能力具有普适性，同文化和地理的边界无关。有时，我们只需要点一支蜡烛，就能在餐桌上创造出这种其乐融融的群体感。

“我差点忘记告诉你了，”贾尼克说，他是一位来自加拿大的记者，不久前刚刚在哥本哈根的幸福研究所采访了我，“在读到HYGGE后，我去买了两盏枝形吊灯回来，吃晚饭时把它们点亮。”贾尼克和他的妻子育有3个儿子，一对双胞胎18岁，另外一个15岁。“起初，当我点亮吊灯上的蜡烛时，孩子们会大惊小怪，‘嗨！这是在干什么？这么浪漫是要干吗？你是想跟妈妈两个人单独晚餐吗？’在一段适应期后，孩子们已经在晚餐前开始自己点蜡烛了。更重要的是，我注意到现在家庭晚餐比以前延长了15到20分钟。怎么说呢？因为这些蜡烛把我的儿子们置于一个讲故事的氛围中。他们再也不只顾着往嘴里扒拉饭了，他们会慢慢品尝葡萄酒，跟我们分享一天都发生了什么。晚餐变成了家庭成员团聚的时刻，再也不仅仅是吃饭了。”

分享食物不仅仅是喂饱自己，它还巩固了友情，加深了联系，并培养我们的群体意识，这些都是提升自己幸福感的重要因素。

“同伴、伴侣”这个词，无论是英语中的companion，西班牙语中的compañero，还是法语中的copain，都是由拉丁语词com和panis演变而来，意思是“一起分享面包的人”。

围坐在餐桌旁，投入食物和火所营造的仪式中，我们就能深刻理解美好的生活是建立在良好关系和使命感之上。也让我们体会到财富衡量标准不是银行账户的余额，而是相互之间纽带的强度、我们所爱的人的健康状况和感恩的心情。幸福并不来自拥有一辆更豪华的车，而来自知道自己是更大集体或社群的一部分的那种归属感，且知道我们所有人都在这里面的安心感。

我们幸福研究所和《世界幸福报告》都发现，那些最幸福的国家都有着很强的群体意识；那些最幸福的人在需要帮助的时候，都有信赖的人可以依靠。这也就是为什么丹麦人不但是世界上最快乐的人，而且还最经常与朋友和家人见面。他们坚信自己在摔跟头的时候，朋友定会伸出手拉一把。

不同国家的受访者，认为自己在需要帮助时可以依赖朋友的占比

新西兰：98.6%

冰岛：95.1%

丹麦：95.5%

西班牙：95.5%

爱尔兰：95.3%

澳大利亚：95.1%

芬兰：94.2%

加拿大：93.9%

瑞士：93.5%

英国：93.4%

卢森堡：93.4%

挪威：93.1%

奥地利：92.5%

瑞典：92.3%

德国：92.3%

斯洛伐克：92.2%

日本：91.0%

俄罗斯：90.7%

意大利：90.7%

捷克：90.3%

爱沙尼亚：90.2%

美国：90.1%

巴西：90.0%

南非：89.5%

法国：89.4%

斯洛文尼亚：88.9%

比利时：88.4%

荷兰：87.9%

波兰：86.3%

以色列：85.7%

葡萄牙：85.1%

拉脱维亚：84.2%

土耳其：83.6%

希腊：83.4%

智利：82.5%

匈牙利：82.2%

韩国：75.8%

墨西哥：75.3%

来源：经济合作与发展组织《2016年美好生活指数》。

幸福小窍门：像法国人一样享受美食——营造食物和火的仪式感

为吃饭辟出时间。夺回自己的午餐时间，约朋友、家人和同事出来，细嚼慢咽地享用美食和他人的陪伴。

“需要来点儿餐后甜点吗？”

“不用了，但我想点一杯咖啡。请给我一杯美式。”

在巴黎做了个演讲后，我有一下午的空闲时间，于是前往奥赛博物馆旁的一家小餐馆吃午餐，这里位于五区和七区之间。

“您在巴黎吃完饭不要甜点，却要美式咖啡。您可真是个勇敢的人。”侍者微笑回答道。

法国是一个重视美食的国度。公立学校把这一点诠释得淋漓尽致。每个孩子都能享用三道式的餐食，包括头盘沙拉、主菜小牛肉配蘑菇和西蓝花酱汁，以及甜点苹果派，当然还有奶酪和面包。餐巾布和银器餐具带来的隆重仪式感跟享用美味食物一样重要。人们会端坐在餐桌周围，静静地吃饭。法国人享受一起进食的乐趣，所以他们每天都会在吃上花如此多时间。尽管法国人民每顿饭要花费那么多时间，还要吃足三道菜，他们却有着几乎欧洲最低的肥胖率，这可能是因为坐在电视前吃饭的人往往会吃更多。

刊登在《美国临床营养学杂志》上的利物浦大学的研究表明，这些人会多吃进25%的食物。尽管大部分国家都规定了水果和蔬菜的每日官方推荐摄入量，法国的官方建议却是应该与他人一起进食。我们应该经常试试这种方法。

好生活和共同利益

过去5年中，我应该已经同1000多个人探讨了“为什么丹麦和斯堪的纳维亚国家的幸福指数普遍这么高？”这个话题。经常会有人说，“丹麦的税负是全世界最高的国家之一，为什么这里的人还这么幸福？”

的确，丹麦有着全球数一数二高的税率。丹麦人均年收入为39 000欧元，需要缴纳平均45%的所得税。如果你每年收入超过61 500欧元，税率还会增加，能达到52%。

但我相信丹麦人不会因为不用交税而高兴，相反，交税让他们更开心——这一点大部分丹麦人都会赞同。根据盖洛普2014年所做的一项调查，几乎九成居住在丹麦的人表示自己乐于交税。大家都知道拥有豪车不会带来幸福，幸福来自知道自己认识和爱的人在需要时能得到援助的那种安心感。在北欧国家，大家都很好地理解了安心生活和共同利益之间的联系。我们没有为了交税而交税，我们实际上是在购买高质量的生活，为自己的集体和社群投资。

九成居住在丹麦的人表示自己乐于交税

丹麦语的“集体”一词为fællesskab。fællesskab可以分解为fælles，意为“共同”或“分享”，skab意思是“橱柜”或“创造”。集体不仅仅是我们共有的橱柜（有共享的物资），还是我们一起创造出来的。我认为这个词挺美的。

跟德国人一样，丹麦人也爱合成词。可能是因为天气太冷了，丹麦语的单词们都喜欢背靠背地紧密排列着。

Råstofproduktionsopgørelsesskemaudfyldningsvejledning的意思是“用来填写生产原材料的调查问卷手册”。这也是为什么拼字游戏在丹麦被当成是一项极限运动，也是手腕扭伤的首要病因。在丹麦语言和文学协会编纂的官方丹麦语词典中，fællesskab出现在了70个单词中。

丹麦人还说这些词：

Bofællesskab：

共同住房

Fællesgrav：

共享坟墓，把数名素不相识的人去世后合葬

Fællesskabsfølelse：

社区的理念

Fællesøkonomi：

共享经济，多名陌生人共用一个银行账户

Skæbnefællesskab：

共同命运

Fællesskøn：

共同性别。与那些将名词分为阴阳性的语言不同，丹麦语把名词归类为“无性别”和“共同性别”两类，这种情况下，你可以称这些词为“雌雄同体”

共同住房——老百姓的幸福

这些住宅分布在公共庭院的四周，并将院子宽松地围起来。时值6月，天空蔚蓝，院子里充满了孩子嬉戏的欢笑声，跑进跑出的他们来自不同家庭。

同当今大部分孩子不同，这些孩子在自由和安全的双重环绕下长大。他们有些在玩“酷堡”（kubb），据说这款游戏来源于维京时代，规则是用木棍投掷对方设置的木桩。一条狗在旁边注视着，好像这游戏是史上最伟大的发明，还有一些孩子跟几个成年人围坐在篝火旁边。

“嗨，米克尔！你这个强盗！”其中一个成年人喊道，然后对我们笑了笑。约恩是这里的居民，他跟我朋友米克尔关系很好。

米克尔在这里长大，现在住在哥本哈根。去年夏天，我们还回到了他童年的这个家，接上他的父亲，一起开始我们每年固定的远航旅行。他们负责掌舵，我照相，我坚持管这些照片叫“航拍”，我每年都被邀请参加这个固定项目。车不能直接停在房前，因为停车区被规划在了这个小社区的边缘，从下车后到米克尔父母家的40米路程需要步行，穿过公共庭院。这个区域就是这么设计的，旨在鼓励居民间的社交接触和即兴交流。

上页图的这个地方叫“共享庭院”（Fælleshaven），这又是一个合成词，其中，fælles意为“共同、共享”，haven为“庭院、花园”。这也是一种“共同住房”（Bofællesskab），在这个单词中，fællesskab意为“住房、社区”，bo为“居住、生活”。共同住房这个公共住宅体系起源于丹麦，但很快就被其他斯堪的纳维亚国家借鉴，并被推广到全世界。

这个体系的发起者是那些对现代居住方式不满的家庭和个人。其中一位是波蒂尔·格拉，她在丹麦的主流报纸上发表了一篇题为《孩子们应该拥有一百位父母》的评论文章，并呼吁跟她有同样想法的人主动联系她。她收到了很多回应，5年后的1972年，第一个共同住房项目“塞特达恩”（Sættedammen）落成，包括27套独立住房和一座大的公共住房，坐落于哥本哈根北部的希勒勒。这些建筑时至今日仍然在使用，有约70人居住于此，对这个项目有兴趣的购房者会被列在候补名单上。现如今，丹麦约有5万民众居住在共同住房中，这种住房得到了越来越多人的青睐。

在丹麦数百个共同住房项目中，米克尔居住的这个共享庭院容纳了16户家庭，一共有20个孩子。共同住宅的设计初衷是将保护隐私和社群交流有机结合，在这里，每户家庭都有单独住房，各种生活电器和用具齐备，还有套内的厨房。但这些私有住房分布在公共空间——包括一个花园、一间大的公用厨房和就餐区的四周。在这里的住户住得既独立，又能紧密联系。

如果愿意，从周一到周四，这些家庭还可以一起就餐。在这样的晚餐中，通常会有30至40人加入，一餐收取每个成人20克朗[①]，儿童半价。为了能让你了解价格是多么实惠，我来举个例子，一杯拿铁咖啡在哥本哈根的正常售价为40克朗。

---

① 本书提到的克朗均指丹麦克朗，根据最新汇率，1丹麦克朗约为1.009元人民币。——编者注

对于大部分参加者来说，具有吸引力的不是集体餐饮的价格，而是一周有4天晚上，完全没有买菜和做饭的压力，尤其对于那些有年幼孩子的家庭来说体会更深。大人们可以利用空闲下来的时间帮助孩子做作业，陪他们玩“酷堡”或者教他们生篝火。每半年或者每周，大人们都会抽出几位，轮流做晚饭，大一点的孩子也能在旁边打打下手，学做饭。做饭的过程通常为3个小时，从准备食材到刷完餐具，就餐和餐后咖啡为休息时间。大多数晚上，共享庭院的居民都能在家享受生活，等着吃饭铃的响起。

除了公共就餐区和篝火外，这里还有一片公用的菜地，一块运动场，一间艺术工作室，一间活动室和几间备用客房，以应对居民家里安排不下过多访客的情况。这种格局意味着孩子们总是能找到玩伴，也不用请专职的保姆。如果家长们想去单独看场电影，他们只需要把孩子送到院子对面的朋友家，让其帮忙照看就可以了。

一组来自丹麦国家统计局的数据显示，在过去的6年中，共同住房的数量增长了20%。对于那些试图为孩子们寻找玩伴的家庭，还有那些害怕堕入社交孤立的老年人，共享庭院格外具有吸引力。

数年前，丹麦人类学家麦克斯·彼得森做了一个关于“老年共同住房”的研究，并得出“共同住房非常成功”的结论。98%的受访者在他们的社区中感到安全和安心，95%对现在的居住环境满意，但我对于下面这个数据格外感兴趣——70%的受访者说邻居中有至少4位可以称其为“朋友”的人。

各位怎么想呢？大家都知道自己邻居们的姓名吗？你会将邻居中的任何人称作“朋友”吗？

你觉得自己有多少位邻居朋友？

居住在共同住房中的丹麦人称多少名邻居为“朋友”

来源：麦克斯·彼得森，“大实验”（Det store eksperiment），2013年。

共同住房的概念在全球范围内势头正旺，尤其在加拿大、澳大利亚和日本正变得越来越流行。数百个项目已经在德国、美国和荷兰落地。2014年，英国《卫报》报道说，英国有超过60个共享房屋工程正在建设中。英国共同住宅协会协调员乔·古丁将这些项目称为“自行管理的社区”，由居住于此的居民独立管辖。

就像米克尔长大的地方一样，这些英国项目的设计也旨在鼓励社交，项目吸引了那些既不想被社会孤立，也不想生活在普通养老院中的孤寡老人，以及那些寻找积极的生活环境来平衡育儿与工作之间关系的家庭。据《卫报》报道，2012至2014年间，新的共享庭院数量增长了一倍，至少有18个已经落成，并有向伦敦、卡迪夫、纽卡斯尔、利兹和剑桥等城市拓展的势头。

作为一个研究幸福的人，这样的趋势让我高兴。即便你不是一个研究幸福的专家，也能感受到更强的社群意识、坚固的安全感和保障感，以及更广泛更紧密的友谊对人们的幸福感有正面的影响。

维护隐私和团结集体的平衡在这样的模式中至关重要，且共同住房并不适用于所有人，但我们可以取其长处，再放到新环境中。很明显，成为社群的一员对我们的身心健康有着积极的影响。下面，让我们来看看，为了加强邻里之间的凝聚力，你可以采取哪些具体的措施。

培育邻里间凝聚力的五个好方法

1. 完善街道或楼内通讯录

试着敲开邻居家的门，然后介绍一下自己。像我这样内向的人，你也可以往各家的信箱里塞一张注册表。你可以告诉他们你正在完善这个通讯录，以应对水管破裂等紧急情况的发生。你需要问对方的姓名和联系方式，也可以考虑加一些其他问题来增进了解。比如，你愿意替别人照看孩子或宠物吗？（当然愿意！时不时让我帮你遛下狗就更好啦！）你最喜欢的书是哪本？（我一直在《了不起的盖茨比》和《永别了，武器》之间纠结。）你会说多少门语言？（一般情况下是三门，一瓶酒之后是五门，早上灌咖啡之前是一门都不到。）试着发掘那些对其他邻居有帮助的技巧，比如，谁最擅长修电脑？谁知道怎么换轮胎？谁会做果脯？

2. 打造一个图书借阅平台

在社区中打开话匣子的最好办法就是建立一个迷你图书馆，按照“借出一本，留下一本”的方式来运作。图书馆没必要富丽堂皇，也没必要像古埃及亚历山大图书馆那样藏书涵盖各门类各领域。

在我居住的哥本哈根的住宅楼里，我们常常把书放在信箱的上方。这不仅能给楼梯间带来家的感觉，看到哪本书被借走也是一件很有意思的事情，还能鼓励邻居间的交流。我们现在的藏书有《建筑简史》《了不起的盖茨比》和《统计学导论》等。由于种种原因，头两本书看起来最受欢迎。

3. 利用“半开放空间”

在我家厨房外面的院子里有一把长椅，我经常坐在椅子上看书。在那里可以看到一棵高高的核桃树，能听到风在树叶间穿过的簌簌声。这把长椅还构成了一个半私密的空间，可以自己待着，那里离公共空间很近，也会有路人停下来打招呼然后询问我在读什么书。如果你不跟邻居交流，那你永远都不会认识他们。像这样的空间，楼前的花园也好，门廊也好，就被称作是“半开放空间”，有研究表明，那些有着“软边缘”的街道往往会让居民觉得更安全，人们也倾向于在那里待得更久。你只需要走出家门到楼前，就能展现出欢迎的姿态，进而促进邻里间的交流。没有人敢冲到你家厨房去打招呼，但如果你在门口的花园里，人们则会更愿意去相互结识。得益于我的室外阅读区，我认识了我家楼上的彼得和他的女儿凯瑟琳，再往上住着水果店主马吉德，他那里有很甜的桃子，上次我见到他时，他正试着骑自行车，20年来头一次。有趣的是，在认识了这些邻居，知道了各自的故事后，来自他们的躁声也不再觉得无法忍受。

4. 开辟一片社区菜地

你生活的地方可能没有“半开放空间”，但社区内应该会有一片地能辟为公共菜园。这是个能经得起时间考验的方法，不仅可以收获大批新鲜的蔬菜，又能培养集体感，还能让你在这个社群扎下根。照看栽培的番茄不仅能让自己放松，给自己时间沉思，还能凝聚邻里关系，培育集体精神。换句话说，这个美味的方法能在大城市里创造乡村的氛围。

此外，虽然还需要更多的研究作为支撑，但有统计表明园艺非常有益于人们的心理健康。治愈抑郁症没有特效药，但有时菜园可以将我们带入阳光的照耀中。几年前，幸福研究所为一座丹麦城市制定了旨在提高市民生活质量的战略方案，鉴于这座城市面临的主要问题之一是社区内成员的孤单感，我们提出了设立社区菜园这一建议。我们自己很喜欢这个观点，也想建立自己的菜园，就这么行动起来了。当时，我们办公室对面的教堂有一片空地，于是我们买了一卡车土壤，邀请左邻右舍，用了一整个周日下午搭起20个植物栽培槽，结束之后请所有人参加了烧烤聚会。

5. 创立工具共享计划

电钻每年的平均使用时长只有几分钟，所以没必要每户都备一部。存放电钻、锤子和四种型号的螺丝刀占空间，就更不用提除草机和铲雪机这些大物件了。创立工具共享计划也为邻居间相互了解提供了更好的机会，简而言之，邻居间分享工具能够有效利用更多的资源，增强社区凝聚力，减少家中的杂物堆积。完善邻里通讯录时，你可以多问一句谁家愿意出借或需要借入这些工具，或者，如果谁家地下室里有多余的空间，可以设立一处工具库。立一个架子，摆上锤子和螺丝刀等，沿着这些工具描一下轮廓，然后再钉几个钉子把它们挂在架子上。你也可以画上缺少的工具的轮廓，欢迎有富余的邻居补一下工具缺口。

案例分析

莎莉的故事

莎莉在加拿大小城吉布森长大，在那里，她可以在家门口摆摊卖自己采摘的覆盆子赚些零用钱，在她出门上学时，邻居们总是向她招手致意。

那是一个夜不闭户的地方，14岁时，她随家人搬去了澳大利亚。她当上了老师，然后成为牧羊人，这些年尽管从一个国家搬到另一个，从一个城市迁徙到另一个，她总是很渴望记忆中在吉布森的那种人与人之间的联系。

之后，她在一所环境艰苦的学校做行政工作，在坏学生的捉弄下，她病倒了。她疲惫不堪，被诊断为抑郁症。就在她精神上受尽折磨时，她的丈夫蒂姆的健康也出现了问题。作为石匠和雕刻家，他的肩膀、膝盖和手腕都受损了。

他们住在希尔伯特街，32座房子分列在路的两侧。这条街位于澳大利亚西部珀斯市郊区的弗里曼特尔，把这里放到世界上任何一座城市，你也不会觉察到有什么不同。这是位于一座普通城市的普通街区的普通街道，直到莎莉和蒂姆邀请邻居们参加自己的环境教育课程，它开始有些不一样了。设立这个课程的初衷是，社区也是环境可持续发展的一部分。他们真的能把这条街道变得更像个社群吗？

“我们希望希尔伯特街变成什么样子？如果我们能做任何事，不需要担心金钱、资源或谁会参与进来，我们希望看到什么样的变化？”

大人们想有固定的园艺活动和每周的下午茶时间，孩子们想在街中央打板球、踢足球。一个10岁的孩子说：“我希望这里有一处滑板坡道。”好吧，这永远都不可能，莎莉当时这么想。

但事实上，坡道是最先建好的，一位邻居找来了需要的材料，并用自己的技巧搭好了滑板坡道。它把这条街从开车经过的路变成了玩耍的场所。

同时，这条街饱受入室盗窃的困扰，居民们忧心忡忡，尤其是在街尽头独居的84岁的安娜。“我们建立了一个系统，并把它称作‘希尔伯特街本领登记簿’。刚开始这只是个联系人列表，但是逐渐被赋予了新的功能：你有什么可以贡献的？你有什么需要？”莎莉解释道。

这个列表包括居民的住址、姓名、电子邮件和电话号码等信息，更重要的是还会登记各位拥有的技能和资源，以及各自可能需要什么样的帮助和资源。其中一位居民需要人们帮他吃桑葚，因为在桑葚收获的季节，他实在是拥有太多；大家也没必要买独轮手推车，可以从住在33号的布莱恩那里借到；如果谁家需要手推车，29号的菲利普那里可以借到；还有，23号的奥比可以帮你照看猫。

这个登记簿还显示，有三位女士想学唱歌技巧，一位前合唱团团员正好住在这条街上，所以她们顺理成章地组成了“希尔伯特街合唱团”。

街上的几处空地种上了蔬菜，所以“希尔伯特街游击队菜园”也成立了。从那以后，人们经常能在自家门前的台阶上发现土豆和胡萝卜。“你是怎么获得许可的？”人们或许会问莎莉。“许可？你觉得我需要那个吗？”莎莉会说。在此基础上，“希尔伯特街电影之夜”也成型了，每个月街上的居民们会一起看电影。大家从自家搬椅子，然后贡献各自的菜肴作为聚餐的食物。

社区的资源逐渐壮大，已经拥有了一辆共享运货自行车，“希尔伯特街图书交换站”（借走一本，留下一本），以及一个能随时移动的比萨烤炉（不属于任何居民，为街坊共享）。还有羊，对，你没看错，羊。两户相邻的人家将门前草坪上的栅栏推倒，为这些羊腾出了活动的空间。

共享比萨烤炉和几只随意穿行草坪的羊是对这个街道凝聚力的最好说明，但最好的例证则来自莎莉和蒂姆被盗后居民们的反应，在他们藏有现金、电脑和备份硬盘的保险箱被盗后，居民们纷纷带着食物和现金前来慰问，其中一位还留了便条：“这里是500美元。我给你这钱是因为我能给，所以就不要还回来了。”一位邻居还建立了一个网络云盘账户，帮助莎莉和蒂姆找回丢失的照片；另外一位邻居的儿子给了他们一张卡片，上面写着“生活的不如意是很难承受之重，尤其是在你不会说脏话的情况下”，并送给他们自己烤出炉的第一个面包和他收集的整套贝壳。

“如果人们想以你为榜样做这些事，你有什么建议给他们呢？”我问莎莉。

“不要做我们做过的事情，”莎莉笑道，“找到对你们有效的方式，是什么使这个社区成型。然后观察人们对什么感兴趣，什么能团结大家，以此为起点。我的一个朋友以番茄为引子，开始在社区内建立起亲密感，现在每年都有15户人家一起参加把番茄装入罐中保存的集体活动。”

莎莉的故事教会了我们很多。首先，居住在已经成型的社区中是一个优势，希尔伯特街是一条断头路[①]，地理上，这里已经清晰成型。我觉得这大概也是居住在岛上的居民有着更强的集体感和认同感的原因之一。第二，我们必须找到一片固定的公共空间，断头路的条件很适宜，因为这里没有过境交通，一片公共的绿地同样也符合这个条件。第三，最强烈的激励因素来自居民的梦想。马丁·路德·金可没有发表《我有一个噩梦》的演说，激发希尔伯特街的居民改变现状的动因来自莎莉的一个问题：“你想在这条街上看到什么？”或者借用《小王子》作者安东尼·德·圣-埃克苏佩里的话说：

> “如果你想造一艘船，先不要一批人来搜集木材，不要指挥他们做这做那，而是激发他们对大海的渴望。”

① 断头路是指某一特定中小范围区域内没有接入其他相应成型路网的道路。——编者注

幸福小窍门：把一条街道转变成社群

将你所住街道上的邻居们凝聚起来，建立一份通讯录来共享各自的技能和资源。

像莎莉和她所住的希尔伯特街一样，现在开始与你的邻居们交流。第一次敲开邻居家的门可能对有些人来说很恐怖，但收获也是很大的。

你可以完善一份街道或所在住宅楼单元的通讯录，问问街坊们有没有什么书可以贡献给你正在筹建的迷你图书馆，或者他们是否愿意参与建立社区菜园。

最重要的是，你得开口跟邻居说话，知道他们的姓名，了解他们的一技之长、兴趣和需要，在他们周围建立起集体般的社群，这个集体就像你周围的邻居一样多样和独特。

举全员之力提升幸福感

回想一个你觉得幸福的时刻，可以稍微降低一下自己的兴奋度，这个时刻你感觉很棒，你想开怀大笑，或者会心一笑。现在把这个时刻放在脑中，并试图回忆那个时候的细节。

有可能你会想到的是同其他人在一起的时刻。我的幸福时刻是在滑了一天的雪之后，与朋友们围坐在小木屋中，炉中的火燃烧着，我手里端着一杯威士忌。

在让全球各地的人们回忆了美好时光后，我发现在幸福的场景里，人们总是更经常跟其他人在一起。虽然这不能说明他人的因素使人们更真实地感受幸福，但在有附加场景的情况下，人们总是能更轻易地记住幸福的细节。

所以，以上信息说明了什么？那就是，如果考量人们与朋友、同事和家人社交的频繁程度，可以得出一个清晰的变化规律，有两个变量左右着这个规律，一个是数量，另外一个是质量。

以社交为目的，你与朋友和亲戚见面的频率是怎样的？

幸福程度（0到10分的范围内）

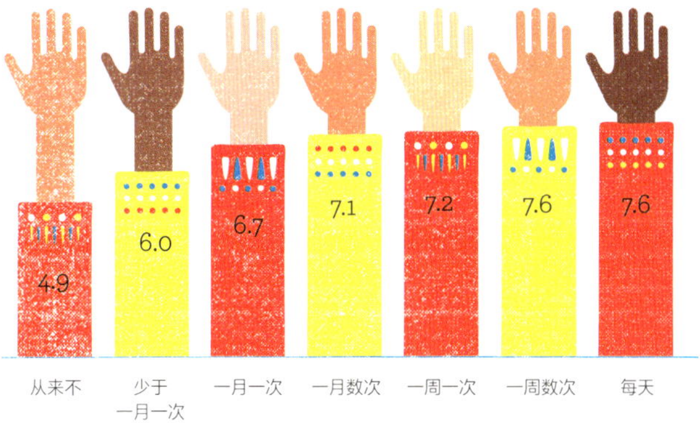

你可以同多少人讨论自己的私人问题？

幸福程度（0到10分的范围内）

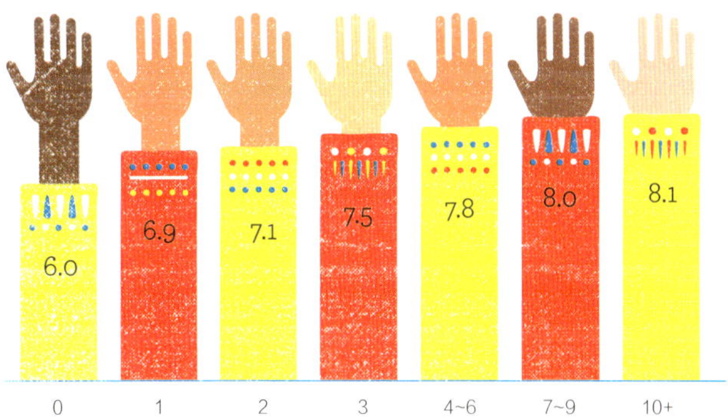

来源：欧洲社会调查，第七轮。

在一个很多人的房间里感到孤独的经历不只是我有。我们会见很多的人，但重要的是我们之间能否形成关联。我是否了解你？你能不能理解我？你是否足够信任我，使你卸下心防，能让我了解你是怎么想的？能让我走进你心里？数字也能反映这一情况。我们有越多能够谈论私人问题的对象，我们就越幸福。

孤独不利于幸福的感知，这个观点让人印象很深刻吧？两千多年前，亚里士多德就指出，人是一种社会性动物；在20世纪40年代，马斯洛需求层次理论将爱和归属感排在人类最基本的生理需求之后。

如今，现代的幸福研究在使用了大数据等科学手段后，也得出了一致的结论。联合国《世界幸福报告》向我们解释了，每个国家的幸福水平迥异，其中有大约四分之三的差值来自六个方面。

我们先来看第一方面，即社会给予的支持，在接下来的几章中，我们会讨论剩下的五方面。社会支持的衡量依据为，在人们需要帮助的时候，是否有人可以依靠。这种二元结论的衡量方法很原始，但我们有来自全球各地的数据，而且它的确决定了人们的幸福程度。

幸运的是，在经济合作与发展组织众多成员国反馈的数据中，有88%的受调查者表示，在需要的时刻，他们有可以依靠的人，其中，新西兰、冰岛和丹麦的人最安心。在这些国家中，至少有95%的受访者表示在自己需要时，朋友能搭把手；在这方面，匈牙利、韩国和墨西哥收录了最低的数值，分别为82%、76%和75%。

数年前，我给银行打电话，咨询我是否够资格贷款买房。当我表明自己以研究幸福为生时，电话那边的客服人员安静得可怕。长话短说，那时我30来岁，单身，在朋友家的沙发上跟他的两只猫凑合睡了几个月。你们懂的，这叫活在梦里，但我并不绝望，因为我知道大家支持我。

幸福小窍门：像荷兰人一样，庆祝“邻居节”

尝试去同你的邻居们说话，约他们喝杯咖啡，在社区菜园里帮他们，或者下次见到他们时直接停下来打招呼。

荷兰有句谚语：有个好邻居比远方的朋友顶用。自从2006年开始，荷兰人每年5月26日就要庆祝“全国邻居节”。这个倡议的初衷是将邻居们聚在一起，逐渐发展成为全国两千个区一起庆祝的节日。倡议由荷兰咖啡品牌“道威·爱和拜尔斯”（Douwe Egberts）发起，受到一项调查结果的启发，约75%的荷兰人认为定期举办活动的社区是最宜居的。随后，这家公司同“橙色基金会”（Oranje Fonds）合作，从2008年起向居民社区提供资金支持，让他们能每年庆祝这个节日。庆祝活动多种多样，可以是在街道办一场盛大的派对，或是与你平时不怎么交流的邻居一起喝杯咖啡。下一个5月26日，记住花些小心思和你的邻居打招呼，或者请他们来家里喝杯热饮。

一起打保龄球

2000年，哈佛大学教授和政治学家罗伯特·普特曼出版了《孤独的保龄球客》（*Bowling Alone*）一书，讲述了美国公民社会的衰落。普特曼教授指出，美国人越来越少参与到所居住的社区的事务中，这种趋势正伤害着美国社会。

美国人民不大参与志愿劳动，不常去教堂，对认识邻居不怎么感兴趣，不经常请朋友来家里玩，不经常去酒吧，不喜欢加入团体，也不原意花时间同朋友们（和他们的宠物们）一起玩。

这也是在过去的几十年中，像美国这样的国家虽然变得越来越富裕，但人们的幸福度也同时降低的原因之一。放眼世界，我们好像总是在错的地方寻找快乐和幸福，更悲观地说，这个问题并不是美国独有的，而是全球性的。人类在感到自己同其他人联结的时候，会更快乐，到目前为止，我还没有发现一个能解释人类幸福的更好答案，因为人类得到自己所渴望的爱、友谊和集体归属感的过程就已经很有说服力了。人们想要归属感，但却不确定究竟该如何做。

随着科技的发展，这个挑战变得越来越大。我们前所未有地紧密连结，却仍然感到寂寞。人与人间的关系很复杂，因为相互的苛求太多，导致乱成一团，所以我们试图用科技来简化这些程序。比起见面，我们更喜欢打电话；比起打电话，我们更倾向发文字消息。在没有亲密感的情况下，我们被相互联络的错觉所蒙蔽，虽然社交媒体有着积极的一面，比如人们仍然可以在地理上相距很远时保持联系，但我们发现，那些在社交媒体上减少所花费时间的人更开心，并且在现实生活中同他人联络更多。

2015年，幸福研究所开展了一项实验。实验前，我们先问了每位参与者不同维度的幸福感，然后把他们随机分配，到控制组的人可以像往常一样使用脸书（Facebook），而到试验组的人将在一周内不能使用脸书。一周后，我们让这些参与者再次对自己的生活进行评估。

我们发现，试验组实验对象的生活满意度增高了不少。这一组参与者不但对生活的享受程度增高，他们的孤独感也降低了，停止使用脸书让他们的社交活动时间增加，从而提高了对自身社交生活的满意度。这一项干预的长期效果还需要进一步研究，但是到目前，我们有证据说明，尽管数字技术在不断发展，我们利用这些技术的能力仍处在初步阶段。如何在社区层面将这些没有对电子设备上瘾的人组织起来，为他们安排说话的对象或玩伴，便成为挑战之一。如果放下手中的电子设备，我们该如何确保有人来陪我们打发无聊呢？看看下面的例子，可能这所丹麦学校已经找到了解决方案。

幸福小窍门：创造“戒电子设备依赖症”小团体

鼓励你的朋友和家人，以周为单位设立“无电子设备”固定时间段，抵御时不时要看手机的诱惑，为自己“戒毒”，戒断电子设备依赖症。

除了点燃夏至的篝火外，我们夏天小木屋对面的空地也是一片玩耍的场地。当我还是个孩子时，我们很容易就能召集到25个小伙伴一起玩圆球游戏，这是简单版本的棒球，当然，这一切都发生在iPad出现以前。去年，来自英国“儿童行动”组织（Action for Children）的一项调查表明，家长们认为说服孩子放下手中的电脑、智能手机或其他电子设备比让他们去做作业更难。约有25%的家长觉得难以控制孩子玩电脑或平板电脑的时间，而只有10%的家长表示在让孩子去做作业时遇到困难。出现这种情况的一个原因是，孩子们不想被抛在网络社区之外。

丹麦的一所寄宿学校采取了孩子们认为的极端方式，来创造电子设备无依赖社群。学校的工作人员没收了学生的智能手机和其他电子设备；每天有一小时时间允许使用电子设备，可以查看脸书和Instagram（照片墙）等社交媒体平台。在第一学期之后，让学生们投票决定，这个方式要继续下去；还是把手机和电子设备等归还给学生，给他们随时随地使用的自由。八成的学生把票投给了第一个选项。很明显，只有在足够多的人参与的情况下，这样的方式才能起到效果。

如果你是班里唯一一个没有手机的学生，而其他同学都在与朋友们热络地聊着，那这将是孤单的体验。所以，在你的社交圈子内找到足够多的人参与进来很重要。你可以说服几户邻居将周四晚上作为“电子设备瘾戒断模拟之夜”，或者自己家人把这天晚上定为“家庭之夜”。其他方式还包括，在晚餐前后辟出两小时的“无手机时间段”，或者在衣帽架旁放个篮子用来存放手机，你也可以鼓励来访的朋友们把所有电子设备都放进去。

凝聚感

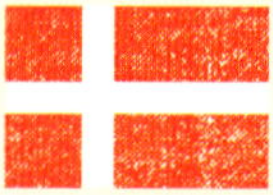

共同住房

丹麦：共同住房体系的设计将保护隐私和融入社区结合。每户独立居住，却又凝聚在一起，减少了社交孤立，又省去了每天为补给担忧的烦恼。案例在第39至45页。

把街道变成社群

澳大利亚，珀斯：结合了《小王子》中的智慧，来自加拿大的年轻姑娘莎莉，通过引入比萨之夜、电影之夜、菜园子和羊，让一条普通的街道改头换面，变成生动的社群，这一切都始于她让邻居们畅想自己愿意住在什么样的街道上。案例在第51至57页。

全国邻居节

荷兰：荷兰人所坚信的“有个好邻居比远方的朋友顶用”这一理念，使一项让邻居们聚在一起喝咖啡的倡议，变成了全国2000个区都要庆祝的节日。案例在第62页。

从汽车城到花园城

美国，底特律：金融危机摧毁了底特律的经济之后，在人们的努力下，这座城市开始从“汽车城”转变成“花园城”，慢慢恢复生机。城里遍布社区花园，让这里成为世界上最大的城市农业运动试验场之一。

“模合”[1]：为了共同的目的聚在一起

日本，冲绳：这里住着一部分世界上最健康的人，他们当中有很多都年过一百。有人说这跟“模合”有关，意为“为了共同的目的聚在一起”。这是冲绳传统中的重要一部分，安全的小范围社交网络以此为依托建立起来，网络内的成员对彼此有着终生承诺。当孩子刚出世时，“模合”就存在了，这能帮助孩子融入终生的集体里去。不管你在以后的人生中遇到什么难题——经济窘迫、伤病或者亲友罹难之痛——“模合”都将陪着你。

亡灵节

墨西哥：亡灵节的庆祝活动在每年的10月31日至11月2日之间。人们相信，在这几天，逝去的人们会得到神圣的许可，回到世间来看望亲朋好友。人们带着饮料和食物，拜访故去的亲人和朋友们的墓地。这些活动是对生的庆祝，而非对死的默哀，活着的人们通过一系列的庆祝凝聚彼此，也包括那些已经故去的灵魂。

举全村人之力来育儿

西非：“举全村人之力来育儿”的谚语存在于许多非洲土著语言中，但据说应该源于伊博语和约鲁巴语这两门西非土著居民使用的语言。我们的语言塑造着我们的行为，这个谚语也提醒了我们：如果我们珍视彼此，为对方排忧解难，大家都会变得更幸福。

---

① 日语中，该词用日文汉字字写作“模合”，读音为Moai。——译者注

第四章

金钱

金钱

在我大约11岁时的某一天，我在《柏森日报》的头版看到了这样一个标题：美元将在一年内升值，或可兑换8克朗，这份报纸被称作是丹麦的《金融时报》。

那个时候1美元大概兑换7克朗，所以我做了一件任何孩子都会做的事，跑去银行将我所有的存款都换成了美元。

“你要去美国度假了吗？”银行柜台的女士一边点钱，一边问我。

“不，”我说，“您没读《柏森日报》吗？”

这不是偶然。我在10岁的时候就开始买债券和股票了，我房间的墙上还贴着一幅海报，上面印着一沓钱和一行字：“我的第一个百万”。在学校，我们班会参加模拟股票交易游戏，对手是其他班级，内容就是买卖股票。但是，股票的交易价格却来自当天的日报，也就是前一天的收盘价，于是我每天都给银行打电话，了解一下当日最大涨幅的股票，然后我们班就会买那只。大人们管这种做法叫内幕交易，我们则称作运气。总之，11岁时，我跟电影《华尔街》主角戈登·盖克之间就差一副裤子上的背带啦。

我给各位铺垫了这么多的原因是，你可能会认为我当时是一个每天浪费时间的非主流男孩，其实并不是这样的。还有《柏森日报》错了，美元随后就跌到了6克朗，对此我一直记恨在心。

200
TO HUND
KRONER
637171M
100
ET HUND
KRONER
850499K
50
HALVTREDS
KRONER
601581B

问鼎幸福之巅的物品

如果金钱和幸福要在脸书上描述它们之间的情感关系，那一定是“复杂”。

收入和幸福之间是相关联的。

一般来说，在比较富裕的国家，人们也更幸福。国内生产总值和人均国内生产总值量化了一个国家的财富，也是决定了为什么一些国家的人民更幸福的六个要素之一。

但必须强调的是，没有钱是导致不幸福的一个原因，这很可能就是两者间存在的联系。在贫穷的社会，把注意力聚焦在提高物质生活水平上是件有意义的事。更高的居民收入一般代表了穷人生活状况的改善，从而促进人们幸福感的增加。

所以，当拥有更多的钱意味着餐桌上丰盛的食物，头上坚实的屋顶和孩子们都能得到照顾，钱也的确有着将痛苦转化为快乐的本领。但当你能豪掷1000美元买一个宠物狗安眠舱，让爱犬能“卧在云朵般的床上，伴随着稳定情绪的背景色、变换的光线和舒缓心情的音乐，飘进极乐的睡眠状态”（不信你搜搜，网上真是这么说的），无论今后再买什么东西，你的幸福感都不会提升了。事实上，此时的你不仅早就拥有了让自己达到幸福之巅的物品，而且已经掉下了悬崖，而你的狗正在巅峰上便便。

许多事情都一样，某样东西我们拥有得越多，从中得到的快乐也就越少。当我们在吃第一块蛋糕时，会觉得很美味，但第五块可能就没那么好吃了。经济学家把这个称作“边际效用递减法则”，这也是为什么一些国家和人民虽然变得更富有，却没有更幸福。另外一个原因是我们适应了新的财富水平，在幸福研究中，这个叫“享乐主义踏板”。

美好的期望

我们都会做白日梦，我经常幻想自己身材好的样子，然后我意识到健身会减缓《糖果传奇》游戏的升级速度。我们都会做白日梦，都会幻想，期望自己未来搬去巴黎，学学法语，再出本书。

期望和抱负如何对我们的幸福产生影响呢？为了更好了解远大志向如何塑造人们的生活，圣母大学门多萨商学院的管理学教授蒂莫西·贾奇进行了一项研究，在跟踪717名受访者一生后得出数据。数据始于1922年，当这些研究样本还是孩子时，那年白宫里刚开始使用第一台收音机。然后这个研究跟随了这些受访者70年，这期间经历了世界大战，人类第一次登月，帝国的兴起与衰落和互联网的诞生等大事件。

研究中，这些受访者都或多或少地抱有雄心壮志，结合了他们年轻时的自我认识和他们父母的期望。评估客观条件，那些有抱负的人在随后的人生中都变得比较成功，去哈佛和普林斯顿等知名学府深造，拥有一份受尊敬的工作，领着优渥的薪酬，这一点我们都能想得到。

而物质条件上，则部分印证了古罗马思想家马可·奥勒留的那句名言，“有多大雄心，就有多大价值”，但他好像忽略了一个人的价值不能跟幸福程度画等号这一点。

有野心的人在达到一个目标后，会瞄准下一个追逐的对象，这就是“享乐主义踏板”。我们为了想要的或觉得需要的目标不断提高标准，来使自己变得快乐，这种情况下，“享乐主义踏板”会在野心的驱动下转动得更快。换句话说，野心的缺点是永远不满足于自己的成就。

快乐等于野心减去现实可能说得通。这是丹麦人幸福指数高的原因吗？是因为他们有着较低的期望？有些研究的确是这么认为的。

大约10年前的12月，《英国医学期刊》上刊登了一篇题为《丹麦人为什么自以为是——欧盟生活满意度的比较研究》的文章，文中总结道：丹麦人之所以有这么高的生活满意度，主要原因是他们对来年的期望值一直都很低。“年复一年，在发现丹麦国内的事务没有变得那么堕落不堪时，他们变得又高兴又惊奇。”这个结论同其他发现一道，被英国广播公司和美国有线电视新闻网在内的媒体一遍又一遍地传播着。只有一个小小的问题：这篇文章本来是个玩笑。

12月的这期杂志是圣诞节专刊，其中还解释了为什么驯鹿鲁道夫有一个红鼻子，明显是由于鼻子内部密布的毛细血管造成的；这篇关于快乐的丹麦人民的文章还探讨了高比例的金发人口所带来的影响，那就是啤酒消费量，对于这点，一位评论家指出丹麦人幸福快乐的原因是他们在参与调查时喝多了，进而得出另外一个结论，自从在1992年欧洲冠军杯决赛中以2：0力挫德国队之后，丹麦举国上下便处在欢快的氛围中，人们都开始觉得这个国家跟从前不一样了。

这篇文章不见得是错的，尽管其中的结论是基于幽默而非数据而得出的。

丹麦不同收入群体对现在和未来的生活满意度

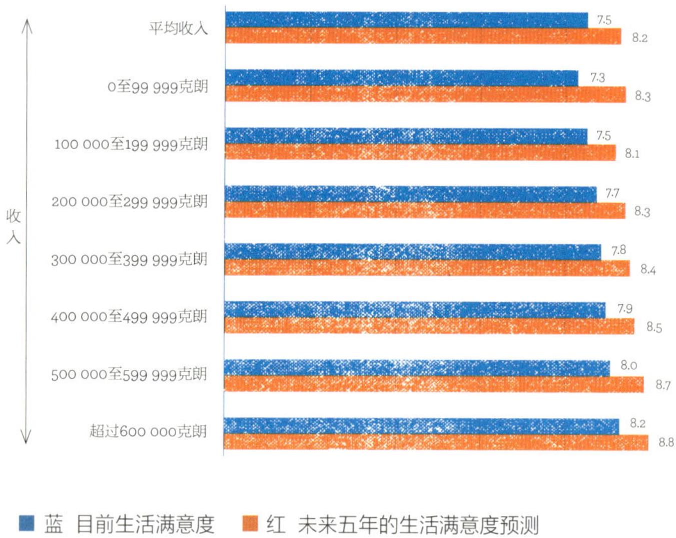

来源：丹麦国家统计局。

幸运的是，来自丹麦国家统计局的数据可以告诉我们这是不是真的，因为这个调查不但询问了人们对现在生活的感觉，还让他们预测了未来五年内会多幸福，丹麦人觉得自己未来会变得更幸福。可能丹麦人在积聚财富方面没那么有野心，但也不能说明他们对未来悲观。

幸福小窍门：对“享乐主义踏板”有预期

花时间享受你在向目标前进时的旅途，同时记住，达到目标不等于完全自我实现。

达到自己的目标可以让你开心，但只是暂时的，对这一点你要理解并有预期。我们为了想要的或觉得需要的目标不断提高标准，来使自己变得快乐。你的书付梓出版会让你高兴一阵，然后你就会调整自己的野心，让它登上《星期日泰晤士报》的畅销书榜单，造成轰动。这是我的自身经验。

当说到野心时，我认为还没有一个目标能让我们永久地抵御对成功的渴望，所以可能需要把“对幸福的追求”转化成“追求过程上的幸福”。渴求对自己觉得有意义的事情时，人们会更幸福，不管是造艘船还是培育出优质的番茄，他们知道快乐只是过程的衍生品，而不是冲过终点线后举起金灿灿奖杯的瞬间。

期望让心态变得更温柔

一天早上，小熊维尼和小猪皮杰在讨论世界上自己最喜欢的事情是什么。虽然维尼很爱吃蜂蜜，但在享用蜂蜜之前有那么一刻比吃蜂蜜本身还要快乐，他不知道该怎么形容这种感觉。

这部动画的作者艾伦·亚历山大·米尔恩简直就是一个研究幸福的科学家！期望能成为快乐的源头，想象一下，假如你可以跟任何一个人接吻，任何一位明星，你会选谁？乔治·克鲁尼？安吉丽娜·朱莉？我会选蕾切尔·薇姿，嗯，我知道她跟詹姆士·邦德结婚了，你别再说了。你心里有人选吗？有的话，再想想这个问题：你想什么时候接吻呢？现在？3小时后？1天后？3天？1年？10年？

卡内基梅隆大学经济学和心理学教授暨行为决定研究所所长乔治·勒文施泰因教授曾经做过一项研究，如果你跟那些受访者一样的话，你应该会在未来3天之内想要那个吻。是的，真有人研究过这个问题。

这项名为“期待和延迟消费的价值评估”的研究的成果出版于1987年，这一年美国电影《辣身舞》上映，所以，我们现在大概知道这些被调查者想吻谁了。这项研究还表明，比起现在就吻中意的对象，被调查者们更愿意多花钱把这个体验推迟3天。

每年，我都会优先空出一周，跟朋友们去阿尔卑斯山滑雪，不只是因为想获得一段经历，我还把它视为明智的投资，离出发还有半年我就已经按捺不住地期盼了。想象着我和朋友们滑下山坡我哼着詹姆斯·邦德小调[①]；抑或坐在阳台上休息，头顶上的蓝色天空只有在白雪覆盖山峰的映衬下才会显现出本色，我已经能感受到手里咖啡的余温和照耀在脸上的阳光。

某些情况下，期望可以带来很大的快乐；但我们也必须承认，在另外一些情况下，期许和野心也会带来痛苦。

① 电影“007”系列里的电影开场音乐*James Bond Tleme*。——编者注

幸福小窍门：先付钱买下，再慢慢享受

在为一段经历买单之前，要确保这是在未来发生的，为的是你可以对它的到来产生期望。

在未来的6个月里，你会做些什么？跟朋友去看场某个乐队的演唱会？邀请一位你很感激的人共进晚餐？出手去买票和礼品券吧！或者规划再长远一点，10年后，你梦寐以求的是什么？然后开始把一些钱存在单独的“幸福账户”里。

同周围的人攀比

当我在演讲时，我经常会要求听众想象两个平行的世界。

在第一个世界，你的年薪为5万英镑，其他人都赚2.5万英镑。在第二个世界，你年薪10万英镑，比之前多了一倍，而你周围的人都赚20万。价格恒定，在任何一个世界中，咖啡的价格都是一样的。

你怎么看？你会选择住在哪个世界里呢？一般，超过一半的听众会想住在第一个世界。这与学术研究的结果也一致，自1998年这个问题第一次由哈佛大学的研究者提出以来，已经针对此问题进行过数次研究。

那么大一部分人选择住在第一个世界，不仅因为他们在意自己消费的能力，而且还在乎自己在社会层级中所处的地位。

这也是为什么我们会试图去模仿比我们富有的人的消费模式。同时，信用消费的发展使我们能享受自己负担不起的生活方式，加之我们同周围攀比的欲望，是造成2008年金融危机的原因之一。换句话说，我们在花费自己没有的钱，去购买一些自己不需要的东西，为的是给我们不喜欢的人留下印象。

炫富不是最近才出现的社会现象。早在1899年，美国经济学家索尔斯坦·邦德·凡勃伦就提出了“炫耀性消费”的说法，指的是通过购买奢侈品来显示自己的财富，从而获得一定社会地位的现象。凡勃伦那时就注意到了许多美国暴发户花钱大手大脚来显示自己多富有。这也是为什么现在会有人豪掷1500万美元[①]来买一部苹果手机，这部手机由金子做成，机身镶嵌了600颗白钻，背面的苹果标识处由另外53颗钻石组成。除了炫耀你多有钱以外，手机的功能跟同型号的一模一样，Siri（苹果智能语音助手）还是听不懂你在说什么。如果你觉得这就是挥霍，那我告诉你，富豪亚里士多德·奥纳西斯曾用鲸鱼的包皮为他的豪华游艇“克里斯蒂娜·欧”上的每把吧台椅都做了坐垫。所以如果你后悔花钱大手大脚，只需要记住这位世界上最富有的人之一曾经斥巨资用鲸鱼包皮装饰椅子。

我想说的是，如果我们把钱花在了自己不需要的物品上，借此来取悦别人，我们并不会更接近幸福，而是卷入到了一场军备竞赛中。如果

① 根据最新汇率，1美元约为6.4元人民币，1500万美元约为9602万元人民币。——编者注

我们节制消费奢侈品，那我们都会很快乐。

詹代法则

在丹麦和所有北欧国家，因为有“詹代法则”（Janteloven）的存在，炫耀性消费被很有效地抑制住了。这个法则来自丹麦-挪威作家安克赛·森纳茂斯1933年出版的一本小说，可以归结为“你跟我们都一样”。它推崇了这样一种文化，即那些社会地位高的人，把自己归为比其他人更高等的层级，或佯装更高级的做法，将受到批判和唾弃。在英语中，

不要以为你比我们懂得多。
不要以为你比我们聪明。
不要以为你什么都擅长。
不要以为你跟我们一样好。
不要嘲笑我们。
不要以为你能教我们任何东西。

这被称作是“高大罂粟花综合症”。

这是斯堪的纳维亚文化的重要组成部分，也是你很少能在丹麦看到豪华跑车的原因。当然，还需要归因于高达150%的汽车税。但是，詹代法则在日常生活中的影响比汽车税深远多了。

在美国，人们可能会很急切地炫耀自己的成功，但在斯堪的纳维亚，谦逊是一种被看重的美德。如果在这里你买了一辆豪车，还挂了印有“成功”的车牌（我在拉脱维亚的里加见到过），不出一两天你的车就会被划花。

詹代法则有很多负面的影响，但我觉得人们往往会忽视它在阻止炫耀性消费中的积极作用，这不见得是一件坏事，生活在其他人财富的光环下会带来负面影响。在韩国，人们就经常说：“如果一个兄弟买了地，另外一个会胃疼。”

变富了，却没快乐起来

在很多方面，韩国是一个典型例子，很好地总结了许多发达国家所面临的挑战。过去的两代韩国人把这个世界上贫穷的国家之一变成了富有之一。

当祖父母还对大饥荒心有余悸时，他们的孙子和孙女们却享受着世界上排名前列的高生活水准，这个国家的人均预期寿命、医疗效率和受过高等教育的人口比例都在世界上位居前列，韩国取得的经济成就让人佩服。从首尔旅行回到哥本哈根，我感觉像是穿越回了10年前。但这个国家仍在挣扎着将取得的财富转换成人民的福祉。在2017年《世界幸福报告》中，韩国排名第55位，让人警觉的是，这个国家的自杀率在经合组织成员国中高居第一。

韩国派了很多人来参观幸福研究所，他们的访客数量比任何国家都要多。来自韩国的政治家、市长、记者、大学生和教授一拨又一拨地前来参观，试图寻找能提高他们国家生活质量的方法。其中一位告诉我："多年以来，我们一直将美国视作参照物和榜样。我们之前想把祖国变成那个样子，但现在我们不确定那是我们想要走的路了。"

当我们研究如何把财富转化成全民的幸福时，美国是一个主要失败案例。尽管在过去的半个世纪中，美国的经济得到了快速的增长，财富也聚集了起来，但人民的幸福感却没有相应增加。其中的一个原因就是不平等，如果一个国家的财富翻番，但其中九成都归最富的那一成人所有，这不是经济发展，而是人性的贪婪。我要对戈登·盖克[①]说，贪婪既不利于幸福感的形成，也不利于它的增强，此外，你的背带看起来很傻。

① 戈登·盖克是电影《华尔街》中的一个角色，一个冷酷的资本掠夺者。——编者注

把幸福从财富剥离开

时值9月的一个周五，天朗气清，对于我们维京人来说，哥本哈根的天气仍然很温暖。那天我早下班了一会儿，骑了10分钟自行车到中心港区，同我的朋友迈克一起游泳。

那天，有1000来位同样觉得天很热的市民在水里嬉戏，这里曾经是繁忙的内河航道。在哥本哈根投入资金治理河道水污染后，第一处港口游泳场于2001年投入使用，现在，这样的市中心绿洲已经增至好几处。那个时候我还在朋友家蹭沙发睡，虽然囊中羞涩，但好在找乐子是免费的。

在哥本哈根，我可以骑自行车去任何想到的地方，无须花钱买车加油。不管我赚多少钱，内河的水永远都是那么的干净清爽，适宜游泳。当然，钱很重要。在米其林餐厅“诺玛”（Noma）享用美食仍然只是少数人的专利，但北欧国家已经成功地在一定程度上将财富同人们能享受到的幸福分离开来。

我认为丹麦做得很好的一点是，享受高质量的生活不需要花很多钱。如果有天我失了业，存款也花光了，我仍然可以享受大部分现在在做的事。

也许你们会觉得我在信口开河。那你去试试在伦敦骑自行车，你会丧命的，很可能跟靠左驾驶的规则有关。在我听了米歇尔·麦格过了一年没花一分钱的故事后，我觉得很有意思。米歇尔是一位来自伦敦北区的自由撰稿人，她也是《不花钱的一年：我是怎么少花钱来享受更多生活》一书的作者。

案例分析

米歇尔的故事

2015年的时候，米歇尔·麦格觉得自己陷入了过度消费的恶性循环中，她用赚到的钱总是买一些自己不需要的东西。她觉得自己被广告蛊惑了，这些广告总是允诺她可以通过消费来变得幸福。

所以她决定让自己接受一个挑战：在一年365天中，除了绝对需要的必需品以外，她不会购买任何东西。她可以把钱花在房贷和必须要缴纳的账单上，比如说电话费和网费（当记者必须要这两样），以及设定30英镑每周的限额来买生活必需品。

“这并不容易。”她告诉我，尤其是在寒冷黑暗的11月开始这项挑战。往年的这个时候，她的生活会围绕着去酒吧和餐馆这个主线，但她现在不能。“我试图做之前一直在做的事，但没钱做不成，我有点痛苦。”

春天来了，生活也变得不同。出去踏青、骑自行车变得更有意思，她还会去湖里游泳；在找到免费的艺术品展览和博物馆后，探索伦敦成了她的乐趣所在。她使用Eventbrite等类似的网站来寻找免费的观影会、品酒会和戏剧演出等。

“我的确去了很多艺术展览，比以前更加频繁。我最喜欢的活动莫过于每个月的第一个周四，那一天伦敦东区的150家画廊都会营业到很晚。”

这个挑战教会米歇尔如何变得更大胆。“我得学会找到快乐幸福的新方法，所以到最后，我会尝试一些我之前从来都不敢想的事情。我突破自己的极限，意识到我不需要通过购物来让自己开心。”她甚至免费度了一次假，沿着英国的海岸骑自行车，在海滩上扎帐篷住宿。“这是前所未有的挑战，现在我已经迫不及待地想明年再来一次了。”

古希腊哲学家、禁欲主义者爱比克泰德曾说："财富不在于多得，而在于无缺。"尽管米歇尔的挑战对大部分人来说太极端，但我们都应该考虑如何将快乐幸福从财富中剥离出来。当我们发现自己的幸福不再依托于财富时，我们才算找到了真正的财富。

幸福小窍门：将物品同经验联系起来

把花大钱的机会留到适当的时候，这样物品的价值将远远超出价签上的数字，因为这反映了你此时的记忆和感受。

如果你必须要买什么东西的话，试着将购买的行为同美好的事件和经历联系起来。比如，我存钱想买一把椅子，但需要等到我第一本书出版时再买。或者找一些今后会给你带来幸福回忆的事件，考虑购买这个物品将怎样在未来影响你的生活。

数年前，幸福研究所为丹麦一所城镇寻找解决方案，来提高公立学校学生的幸福感。其中一个建议便是，这个城镇应该投资栽种一些苹果树，每个学生都要有属于自己的一棵——即7439名学生要有7439棵树。当孩子们入学时，他们会同自己的那棵相认，每个班级在收获的季节都要聚在一起摘苹果。在毕业时，树的主人把树的管理权交接到新入学的学生那里。

除了能让孩子们知道食物从哪里来，享受观看苹果成长和品尝果实的喜悦，一起劳作收获农产品，以及培养他们照顾这棵树并将其转交下一代的自豪感和使命感以外，我认为对学校来说还是一笔收益丰厚的投资，但这个城镇的管理者却不这么认为。到现在仍然没有一个城镇行动起来为每个孩子栽一棵苹果树。要促成此事，地方的管理者必须对给孩子们留下美好回忆这件事有兴趣。

这三种花费不多的举动能带来幸福

1. 阅读

阅读是免费的，尤其是当你在公共图书馆或住宅楼内的迷你图书馆时。对我来说，一个完美的午后就是：夏日坐在树荫下面，酣读一本书。

既然你正在读这本书，我想你应该同意我这个说法。书籍治疗法，是用书来帮助人们解决问题的艺术，已经存在好几十年了，用书籍作为治疗方法的记载可以一直追溯到古埃及和古希腊时期，那时图书馆上方的标识让读者们知道自己正在踏入一处治愈心灵的地方。最近，社会研究学领域的新锐心理学家们发现，小说有助于我们提高觉察并理解其他人情感的能力，《应用社会心理学》杂志上的一篇文章指出，文学小说增强了我们反思自身问题的能力，这是通过读那些与我们有相同困扰的书中人物的故事实现的。也就是说，阅读是一种免费的疗愈方式。

2. 创造微笑文件夹

客服解决方案公司“红宝石接线员”（Ruby Receptionist）被《财富》杂志评为美国小企业最佳雇主第一名。当一个新员工入职时，他们会收到一个“微笑文件夹”，用来记录来自同事、客户和上司的每一条暖心评价。为什么这么做？因为比起夸赞，人们总是能记住批评。这是我们能在个人生活中借鉴的做法，这做法不需要花大价钱，却能让我们更好地意识到自己的优点，而不是把精力集中在缺点上。每周写下让你很感激的三到五件事请，可以是“我的家人和朋友们都很健康”或者“咖啡和滚石乐队很棒”，同时也描述一下这些事对生活有什么积极的影响。研究表明，将我们的思想转化成明确的语言，要比只是想一想更能带来积极作用，使我们变得更懂自己，并提高情感的表达能力。近几年，“感恩日志”正变得越来越流行，注意一定不要把这个当成你待办事项中的一件。同时，还有研究指出，最好以偶尔的频率来完成它，比如说一周一次而非每日一次，以防止它变成例行公事的程序。

3. 建立免费快乐小团体

像米歇尔接受“不花钱”挑战之前一样，我们很多人都将自己的社交生活同外出吃饭或去酒吧捆绑在一起。如果你遇到财政危机，那么你也会有被孤立的风险。为了对冲这样的风险，你可以成立一个免费快乐小团体，在这里，每位朋友轮流组织一场不怎么需要花钱的社交活动，朋友们可以借这个机会聚在一起，度过闲暇时光。

我们的小团体就去看了赛马，带上各自准备的食物野餐，参观了博物馆，游泳，打桌游，还去了哥本哈根北郊皇家曾经打猎的场地鹿园（Dyrehaven），那里现在圈养了几百头鹿。你可能不喜欢这些活动，很反感看鹿和树，但你总能找到自己的方式，重点是要把享受快乐和幸福的权利从金钱的掌控中解放出来。

花最少投资，把幸福收益最大化

较富裕国家作为一个群体，其国民会在平均值上显得更幸福，但当我们单独研究世界上最富有的几个国家时，却看不到明显的模式。

卡塔尔是世界上最富裕的国家，在2017年《世界幸福报告》中排第35位，而哥斯达黎加这个较穷的国家却排在了第12位。一些国家在把财富转化为人民的幸福上表现一般，比如说，美国的富裕程度在世界排第18位，人均国内生产总值比丹麦、芬兰、瑞典和冰岛都要高，但它的幸福指数却比这三国要低。

以上这段话说明了两件事。第一，钱固然重要，但它不能决定所有事情。第二，幸福程度不仅跟我们赚多少钱有关，还跟我们怎么用有关。21世纪最成功的国家应该是那些有效地将财富转化为全民幸福和福祉的国家，这个规律同时适用于个人。那么我们要如何花最少的投资，将幸福的收益最大化呢?

购买回忆，而非物件

“你现在名副其实了。你变成了正统的维京人。”

这句话来自尤西，我在芬兰的出版人。那是1月初的一天，我刚从赫尔辛基露天冰冷的水中爬上岸，这是我第一次冬泳的经历。那天早些时候，我还在网上搜了搜“在冰水里冬泳会导致死亡吗？”这类的问题，做一个勇敢维京人的经历就到此为止。

在我们跳入黑乎乎的冰水之前，我们在赫尔辛基港口的一栋美丽的木制公共桑拿房里待了一小时，从尤西在机场接到我之后，我们谈话的主题就直奔芬兰独特的桑拿文化。

“芬兰桑拿比瑞典的好多了。”

“为什么芬兰的更好？”我问，我不清楚如何判断蒸桑拿的质量好坏。

“芬兰的更暖和。”

“更暖和”实在是轻描淡写。在桑拿房里我每一次呼吸都像是吸进了辣椒一样，然后我发现自己的嘴里竟然也有出汗。我承认这虽然不是什么值得炫耀的超人特异功能，但那个时候，却非常受用。

每隔20分钟，一个管理桑拿房的芬兰人都会进来，问一个问题，然后满屋子的芬兰男男女女都会齐声回答“kyllä”，这是芬兰语“是的”的意思。你会注意到屋子里每一个外国人，这个结论并非从他们没有用芬兰语回答“是的”上得出，而是他们脸上惊恐的表情和内心的想法出卖了他们，“我的天，刚才他是在问我们要把室温升高吗？”然后管理员会把一瓢水浇到烧得滚烫的石头上，顿时屋内扑满湿热的空气，灌进了我们的肺。

在这间极度高温的暗室中待着，会强迫你把精力放在自己的呼吸上，这是一种很美妙的冥想经历。当我回哥本哈根后，我做的第一件事情就是寻找桑拿房。更夸张的是，那天在赫尔辛基，那种极端的热把我对之后要跳进冰水的恐惧转化成为期盼。水是很冷，但绝不是我之前设想的要死的感觉。尽管刚在冰水里游完泳，还半裸地站在赫尔辛基1月的夜晚里，但那种能活着的感觉和那种身体微微发热的经历是一种纯粹的愉悦。这种感觉只会持续几小时，但记忆却定格在了我脑海里，将伴随我一生。

幸福小窍门：购买人生经历

购买人生经历和回忆，而不是物件。

根据邓恩和诺顿的研究，如果我们要购买幸福，比较明智的方式是投资人生经历而不是花钱买物品，因为“一个又一个研究（表明）人们在回想起跟经历相关联的购买时，往往会有更好的心情，会认为‘这钱花得值了’”。如果让人们比较自己为了增强幸福感所做的购买，并问他们哪一次购买让他们更幸福，在有形的物品（比如苹果手机，无论是不是金子做的）和一段经历（比如旅行）中，57%的受访者选择了经历，而34%选择了有形的物品。

购买人生经历对幸福感的提升大有裨益，这些经历能让你和其他人相遇相知，能让你提升对自己的认同感，发掘自己存在的意义。比如，作为一个研究幸福的人，去不丹旅行能让我更愉悦，因为那个国家自从20世纪70年代便有了“国民幸福总值”的施政理念。把人生经历当作对美好记忆的投资，当作对你个人发展的投资，你会受益无穷。

幸福小窍门：购买有意义的，最好能对成长有影响的人生经历

试着购买一些能成为你人生旅途一部分的经历，带着你无限接近并投入到自己的毕生热情中。举个例子，为什么不试试成为世界上首屈一指的研究蓝色的专家呢?

你会饱读史书（为什么管贵族叫作蓝血？），探索科学（为什么天是蓝色的？），涉猎人类学（蓝色在不同文化中的内涵是什么？），通晓语言（为什么德语的蓝色blau同法语的bleu那么相似？而西班牙语的azul，波兰语的niebieski，芬兰语的sininen又那么不同？），研究解剖学（肉眼可以识别多少度的蓝色？），浅尝遗传学（为什么有蓝眼睛的人那么少？），并钻研照相技巧（拍照时的蓝色时刻为什么那么神奇？）。

如果你要成为研究蓝色的专家，那么想象一下你存钱，并计划去摩洛哥北部里夫山脉间的蓝色小城舍夫沙万、埃塞俄比亚的青尼罗河，或者是澳大利亚的蓝山，在那里，山上大片桉树林挥发出一种有机化学成分，使群山笼罩在蓝色的氤氲中，进而得名。

这还能为你在本职工作外创造一种认同感。你打算试试看吗？反正我是对蓝色很着迷。

画家的
油画颜料
锰蓝
画家的
油画颜料
钴蓝
画家的
油画颜料
蔚蓝
画家的
油画颜料
普鲁士蓝
画家的
油画颜料
空军蓝
画家的
油画颜料
品蓝
画家的
油画颜料
矢菊蓝
画家的
油画颜料
埃及蓝

幸福值多少钱?

终于要说到金钱和幸福的关系了，金钱或许可以减轻生活中的痛苦，进而提高生活满意度，反之，幸福的生活也可能对收入起到带动作用。

至少扬-伊曼纽尔 · 德 · 内韦博士和安德鲁·奥斯瓦德教授的研究结果是这么说的。扬-伊曼纽尔是牛津大学赛德商学院的经济学和战略学副教授，更重要的是，他是个好人。我第一次见到他时，我们都在阿联酋参加一场关于幸福的国际会议。

“一直以来，我们都把图表看反了，”扬说，“我们一直将幸福当成高收入的结果，万一我们理解错了呢？把这个关系反向推断，结果会如何？”

“你可能需要花上数十年，跟踪几千个人，来证明这个理论。”

“我们已经证实了，使用的数据来自‘健康加法’（Add Health Pata）。”“健康加法”是美国的一个庞大样本数据库，收录了长期跟踪许多样本后得出的数据，包括那些对人生有积极影响的数据、生活满意度和收入等。

“通过人们年轻时的幸福程度，可以预测他们之后人生中的收入。”

“那些有着高等教育背景和高收入的家长，他们的孩子也会更幸福，对吗？这些家长也会确保孩子进入大学深造，毕业后也会赚取较高的收入，是吗？”我自我感觉良好地问道，但实际上，我当时可能是在场的人中最蠢的一位。

“我们没有预想到的是，”扬笑着说道，身子靠着桌子前倾，凑到我们面前，好像要宣布核弹发射密码一样，“我们在研究中采用了数千位亲兄弟姐妹的数据，所以可以排除父母的影响。结果就是，童年时比较开心的小孩在长大后会赚更多钱。”

这个因素的影响是巨大的。研究发现，在幸福指数满分5分的情况下，在22岁时该指数每高1分，就意味着7年后的收入能提高2000美元。积极的人更有可能取得学位，找到好工作，然后得到晋升。此外，这个研究结果涉及的范围相当广泛，包括了教育背景、智商、身体条件、身高、自尊和后来的幸福程度等筛选条件。

这个研究揭示了，对于孩子们来说，主观的幸福感是多么重要，而且我完全理解为什么扬在宣布这个发现时压低了声音。知识在孩子们心中的地位将变得岌岌可危，“爸爸，我不要写作业，给我糖吃就行了，不然我今后的收入会大打折扣”。我们还是对“用亲兄弟姐妹对我们的综合影响，来评估对长大后的生活满意度及收入水平产生的积极效果”的研究结果保密吧，行吗？

金钱

为共同利益投资

北欧国家：对高税收的广泛社会支持意味着生活质量的提高。案例在第36页。

“花更少的钱，享受更好的生活”试验

英国：作为一个挑战项目，米歇尔·麦格利用一年的时间来接受了只购买生活必需品的挑战，并找到了不依附于金钱来享受生活的方法。案例在第96至98页。

“捐赠誓言”倡议

美国：“捐赠誓言”倡议由沃伦·巴菲特和比尔·盖茨夫妇发起，呼吁全世界最富有的人们和家族将自己的大部分身家捐献出来，用于应对当今社会所面临的扶贫、医疗保障和教育等挑战。现在，来自超过15个国家的150余位亿万富翁已经响应并签署了这个倡议。

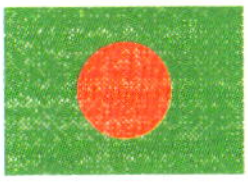

帮扶极贫人口计划

孟加拉国，巴布纳：农村发展组织“资源建设进社区”（BRAC）通过把贫困人口聚集起来，并将大家的资源整合开创生意的方式，以达到解决社区矛盾和扶贫的目的。

罗宾汉餐厅

西班牙，马德里：由慈善组织“和平使者”（Mensajeros de la Paz）设立的项目，白天正常营业的餐馆到了晚上会变成接待流浪汉的场所，这些无家可归人士能在摆着鲜花的餐桌上，用精美的餐具和器皿吃饭，这一切都是免费的。餐馆使用早餐和中餐客人们捐赠的善款来支持这个慈善晚餐项目。

越南互助组织

越南，会安：越南互助组织（Reaching Out Vietnam）为那些残障人士提供机会，帮助他们学习掌握技巧并就职，使这些人能够融入到社会中，以积极的态度独立生活。贸易组织的礼品店售卖这些残障人士制作的物品，所得将回流到组织中，用来给更多的残障人士提供培训，帮助他们找到工作。

第五章

健康

健康

在所有文化中，父母都希望子女拥有健康的体魄。健康的身体能使我们享受人生、接受挑战、追寻幸福。

我们幸福研究所同利奥创新实验室（LEO Innovation Lab）一道，试图发现罹患牛皮癣对幸福的影响。牛皮癣又叫银屑病，是一种有易复发倾向的慢性炎症性皮肤病。直到写这本书时，“快乐银屑”项目已经从全球40多个国家收集了将近5万患者的信息数据。在每个国家，我们都发现牛皮癣的患者比正常人群更不幸福。

作为研究幸福的专家，还没有什么政策可以比全民医疗保险更能明显提高生活质量。作为一直都处于世界最幸福国家前十的北欧几国来说，免费医保人人享有。日常生活中，居民们在这方面的担心比世界上大部分人都少，这也为幸福指数的提高奠定了可靠的基础。

正如美国参议员伯尼·桑德斯所说："在丹麦，人们对'自由'的理解非常不同。在那里，人们为了缓解经济不安感带来的巨大焦虑，经过了很长的时期。他们建立了一个体系来保障并捍卫所有人的基本生活标准，涵盖了儿童、老年人和残障人士的需求，摒弃了允许少数人掌控巨额财富的制度。"

换句话说，电视剧《绝命毒师》的编剧绝对不可能把场景安排在北欧，在那部剧中，一位老师为了支付治疗癌症的医药费，被迫成了大毒枭。在北欧，场景很可能是这样的，"沃尔特，这是你的治疗计划。我们5号再见"。

此外，幸福和健康之间还有着反作用的关系，即我们的幸福程度对健康状况有影响。较高的幸福度预示着未来较好的身体素质。2012年《世界幸福报告》指出：

> 医学研究表明，幸福指数的多个低数值同今后罹患冠心病和中风，以及寿命缩短之间有着很大的关联。那些有着更积极生活的个人，他们的身体也有着较好的内分泌、免疫力和心血管功能，这些人暴露在感冒病毒中时，更不容易被传染，即便被传染也会恢复得很快。

这其中一个案例是由伦敦大学流行病学院和卫生保健研究所、行为科学和健康研究部负责人，心理学教授安德鲁·斯特普托，以及同校健康行为研究中心的临床心理学教授简·沃德尔共同完成。在5年间，他们跟踪了约4000名年龄在52至79岁之间的英国人，做了一项关于情感幸福度的调查。这些参与者被分为三组，被问及心情如何，即便调查开始时对人口特征和健康状况进行了对照，结果显示，最幸福的三分之一受访者的死亡率仍比其他人低34%。

人均预期寿命（单位：岁）

来源：世界卫生组织。

以这个结果为基础，你可能会认为丹麦人那么幸福，他们的预期寿命也应该是世界上最长的。但事实并非如此，长寿的荣誉应该属于日本人，丹麦在全球只排在第27位。丹麦人平均比美国人多活一年多，而比英国人少活小半年，此外，在北欧几国中，丹麦的人均预期寿命是最短的。

总体来说，丹麦人抽烟很凶，酒精摄入量也很大，还吃很多肉和糖，这些都跟健康和长寿不兼容。HYGGE作为丹麦文化和生活方式的基石，其精髓的一部分就是号召人们在大快朵颐肉桂卷，畅饮堆满奶油的热巧克力的同时，不需要有任何负罪感。HYGGE可能很有利于幸福感的提升，却对健康没什么帮助。

去年，HYGGE成为世界级的现象，以至于大大提高了烘焙食物的销量，并影响了全球香料市场的走向。“自从HYGGE这种生活方式为大家熟知以来，我们店的蛋糕和面包的销量提高了三分之一。”伦敦面包房“北欧厨房”（ScandiKitchen）的工作人员乔纳斯·奥雷尔对《金融时报》表示。同时，肉桂的价格也上蹿了两成左右。

这也使人们提出这样的疑问，如果丹麦人这么喜欢暴食烘焙的甜食，为什么肥胖率却排在世界第107位？这个排名中，英国在第43位，美国第18位。

丹麦人把肉桂卷的摄入同身体锻炼的消耗相平衡，虽然不是每个丹麦人都热衷于跳到峡湾里游泳，骑行或者是去别的国家滑雪，但来自欧盟统计机构欧洲统计局的数据显示，31%的人每周抽时间运动至少5个小时。丹麦人一样不喜欢去健身房，但他们为什么锻炼时间这么长呢？

两个轮子上的维京人

当你第一次在哥本哈根街上散步时，请务必小心。如果你不小心走在了丹麦首都的自行车道上，本地人的反应会很激烈，就好像你要在西班牙圣费尔明节的奔牛跑道上野餐一样。

在哥本哈根，上班和上学通勤总量的45%是由自行车来完成的。如果我们只考察那些工作和居住都在哥本哈根的人，那么这个比例可达到63%。他们当中的大部分人可不是骑着赛车、穿着骑行服休闲的中年男人。他们只是骑自行车上班而已，这也不是环法自行车赛。人们穿着高跟鞋，西装革履地骑车，在新年前夜，我还穿着晚宴装骑过自行车。

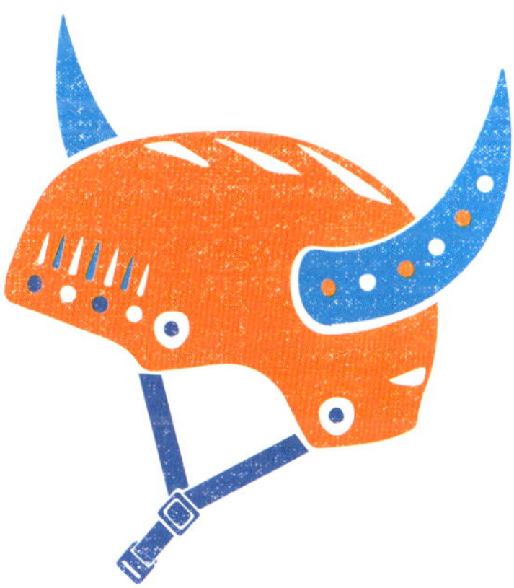

两轮交通工具接管天下

自行车成为交通主力，并跃居成为哥本哈根的首选通勤方式，这是最近的新变化。在市中心，自行车的数量比汽车要多，事实上，现在唯一比骑行者数量还多的是关于自行车的统计数据。根据丹麦骑行大使馆（没错，这个机构确实存在）的统计，你可以得到如下信息：

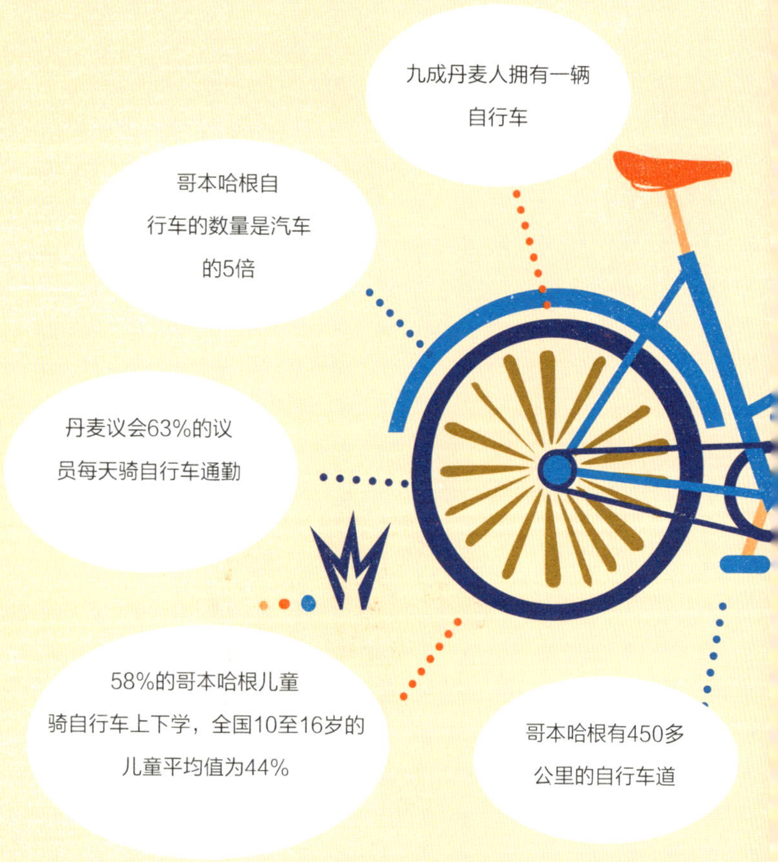

丹麦17%的出行需求由自行车来完成，这个比例在哥本哈根人口密集的城区要高许多

17%有孩子的家庭有货运自行车

丹麦人平均每天骑行1.5公里的路程

每年18 000辆自行车在哥本哈根被盗

哥本哈根所有的骑行者每天骑行里程超过120万公里

75%的骑行者一年到头都在骑行，不受季节和天气影响

在早晨上班高峰时的北桥区大街上，这个数据会变得更可信。这条街是哥本哈根最繁忙的自行车通行高速路。那曾经是我长达8年的通勤路线，每天早上我都跟一群学生、男女商人、议会议员和孩子们一起骑自行车锻炼。

这么一大群维京人热衷于两轮交通工具背后的原因是适宜骑行的好环境。如果你来哥本哈根，你会很容易发现这个城市的设计深得骑行者欢心。这里有倾斜的垃圾桶，能让你在全速骑行时顺手扔掉手中的外带咖啡；还有踏板，为了让骑行者在等待红灯时不用下车；如果遇到降雪天气，自行车道是先于机动车道被清理干净的。

骑行者在这里可不是二等公民，他们不仅获得了应有的尊严，还是拥有绝对道路通行权的王者。

幸福小窍门：骑上你的自行车

这个周末，吹掉你自行车上的灰，出去兜兜风吧。

或许你还能回忆起童年骑自行车的时光，的确很美好，不是吗？现在到了重燃这种爱，或者让你爱上自行车的时候了。如果你从未尝试过骑行，找个培训班或请别人教你。如果你没有自行车，去借一辆或利用你所在城市的共享自行车系统。找到一个可以用骑行替代驾车或乘坐其他交通工具的出行方式，或者只是利用周末的时间出门骑行，去海边，去公园，任何地方都可以。

用骑行延展生命

用来测量健康状况的体质指数（BMI）并不是很让人满意，当然，决定健康状况的因素不仅仅是体重，下面是一个关于骑行能保持健康的好消息。

一篇发布在2017年某期《英国医学期刊》上由格拉斯哥大学组织的研究表明，同静止的通勤方式相比，上班路上选择活动筋骨的自行车通勤能把过早死亡的风险减少41%。比如，那些骑行上班的人罹患癌症的风险要低45%，得心脏病的可能性要低46%。这项严谨的研究为时五年，跟踪了英国生物样本库（UK Biobank）中的26万人，并提取了数据。研究者对这五年期间新确诊的癌症和心脏病例逐一进行分析，并对这些患者的通勤方式进行了比照。这个结果同丹麦的数项研究一致，都发现骑行对健康有益。

丹麦的一项研究跨度为20年，涉及了5万名15至65岁的丹麦人，同其他方式通勤者相比，那些头5年内才开始骑自行车的人，罹患心脏疾病的风险低26%。这显示了，养成健康的习惯永远都不晚。另外一项丹麦研究发现，骑自行车通勤的人死亡率比其它方式通勤者要低三成。

此外还发现，骑行对非胰岛素依赖型糖尿病、骨质疏松症和抑郁症起到了预防的效果。英国医学协会还发现，骑行锻炼对预期寿命延长的益处，远超遭遇20种偶发骑行事故的风险。当然，事故会发生，在哥本哈根每一个受伤的骑行者，在事故之前都平均骑了440万公里的路程，相当于绕地球110圈。骑行让我们更活跃、更健康，进而让我们更幸福，不管是短期还是长期。

除了能延年益寿，缩小腰围，自行车还能缓解城市拥堵，改善空气质量，降低噪声扰民，减少选择其他交通方式对基础设施的损耗，从而减轻城市的财政负担。哥本哈根市政府分析了骑行和驾车的影响，并计算了每种出行方式对空气污染、交通事故、拥堵和对基础设施损耗的花销，发现同驾车相比，每骑1公里的自行车，就能减轻0.45克朗的财政负担。每年首都的总骑行里程为4亿公里，节省的钱也随之积少成多。

在*Monocle*杂志和美世咨询评选的世界最宜居城市排名中，大部分上榜的都是适宜骑行的城市，这并不是巧合。跟哥本哈根一样，柏林、维也纳和斯德哥尔摩等城市也都很符合这个条件。哥本哈根三分之二的市民同意自行车对城市的氛围有着“积极”或“很积极”的影响。

但大部分丹麦人都不太在意这些。我们骑自行车的主要原因不是让自己更健康，不是让城市交通变得更通畅，不是让我们的经济变得更强健，也不是让这个星球的环境变得更可持续，我们这么做纯粹是因为这样简单方便。

超过那些丹麦人

“一座城市的成功不在于多富有，而是市民有多幸福。创造适宜骑行和步行的条件是对人们尊严的维护。我们要告诉人们，‘你重要，不是因为你有多富有，而是因为你生而为人’。如果人被给予特殊待遇，被奉为神明，那他们的行为也会如此。我们需要出门走走，就像鸟要展翅高飞一样。创造公共空间能将我们带入到这样的社会，在那里不仅人与人之间更平等，还会活得更幸福。”

这些话来自吉列尔莫·佩纳罗萨，我在吉隆坡遇到了他。他是哥伦比亚首都波哥大市的前任公园、体育和休闲行政长官。我从这篇激情澎湃的演讲中看到了他对创造适宜步行环境的追求，使我联想到几年前从一位同姓演讲者那里听过的一样的话。

“您有没有可能认识恩里克·佩纳罗萨？”我问道。吉列尔莫伸出手臂，笑着说：“我们是兄弟。”恩里克是波哥大前市长，兄弟二人对步行、骑行和拓展市民公共空间有着很大的热情，甚至让哥本哈根都甘拜下风。

幸福的最大障碍是人们感觉自己低人一等或被排除在外，而一座好的城市不会让市民有这样的想法。遇到吉列尔莫的同一天，我想去会场两米开外的植物园走走，但放弃了，因为没有一条能通往那里的人行道。

“发达国家不是一个穷人有私家车的地方，而是富人也用公共交通出行的地方。那里，富人们步行或骑自行车出行。我们应该打造富人和穷人能平等接触的城市，无论是在公园、人行道还是公共交通工具。”

他的意思是，像公园、自行车道和适宜步行的街道这样精心设计的公共空间，要成为促进社交的场合，成为城市和社会里推崇平等的平台。我们经常在社会层级的界定下相互接触，在工作时，你是老板或者雇员；在餐厅，你是客人或服务员。

发源于波哥大的倡议之一便是“骑行道”（ciclovía）活动，每周日，城市管理者在市内100多公里的道路上对机动车限行。这些街道随之被转化成适宜步行、骑行和休闲的地方，得到了100多万市民的积极参与。这个活动已经在全球数座城市生根发芽，发挥了影响力，帮助人们在日常生活中得到更多锻炼。

多步行

下面是不去健身房也能经常锻炼的10种方法，同时，你还能同更多的人打交道：

1. 不坐电梯。

2. 走去同事那与他交流，而不是打电话或发邮件。

3. 找一个“走友”。一个步行的伙伴会变成每天步行的激励因素，尤其是在天空灰暗或者你找其他理由不想行动时。

4. 选一段风景优美的路线。有一些手机应用程序[比如，“课外活动”（Field Trip）]会告诉你最美的路线，而不是最短的。

5. 把每周三都当成“步行星期三”，这一天你可以自己，或跟你的家人朋友一起，晚饭后散步。

10. 加入健走俱乐部或者远足兴趣小组。你居住的社区可能已经有了这样的群组，如果没有的话，问问你的邻居是否有兴趣跟你一起组建一个。

9. 约你朋友一起去走走，而不是坐着一起喝咖啡，或者边走边喝咖啡。

8. 走起来，不要等。如果提前到达一个约会，比如说，去见医生，在附近街区到处走走，而不是在候诊室里坐着等。

7. 带上播客。如果是一个人步行，你还可以听一下那些精彩的免费节目。我的最爱是“广播实验室”（RadioLab）和“这段美式生活”（This American Life）。

6. 来一场掷硬币决定的旅程。这是探索你居住的社区的绝佳方式。我们散步的时候往往会选择熟悉的路线，下一次带上一枚硬币，在每一个路口都让它来决定你该往哪边走。了解你居住的社区能让你更享受在家待着，你还可以发现你爱去的新地方。

幸福小窍门：每天多活动一点

在每天的常规事情中添加运动，比如走楼梯，跟同事边散步边开会，或把车停在离超市出入口尽量远的地方，等等。

当然，我还会建议大家骑自行车上下班，上下学，或去其他地方。但是，可能你所在的城市并不适合骑行，这时候就需要你走出第一步，建议市政府“以人为本”，在便利群众出行的基础设施上投资，而非仅仅优化驾驶环境。除此之外，也有一些短期就能达到效果的解决方案。

丹麦人比其他欧盟国家居民锻炼量都大的原因是，他们不把这当作锻炼，而是视为交通方式。让无意的轻度运动成为正常生活的一部分，而不是必须要在健身房完成。

这同我们现在工作和生活变得越来越便捷的趋势所相悖，我们工作时静静地坐在那里，坐电梯时一动不动地站在那里，进门的时候门自动打开，开车去健身房然后在楼梯机上踩一个小时。我觉得丹麦的生活方式带来的最大启发是，健康可以通过每天在日常活动中添加运动来实现。

幸福研究所坐落于哥本哈根市区的湖边，周围没有交通流量，也没有噪声，当我需要打很长一通电话时，我总是能沿着湖边走走，甚至有时候一些会议也变成了边走边聊的形式，比如，我跟每位员工每个月都有固定的交流时间，取代了每年一次的回顾谈话，这些都在我们的散步过程中完成。

此外，当我在公司咖啡师那里点了咖啡后，我会沿着楼梯步行5层楼到楼顶，然后再下来，这时候咖啡已经好了。这用不了多长时间，外加我一天要喝4杯咖啡，这就意味着我每周都能爬上一栋100层的摩天大楼。同样，每在电脑屏幕前坐2个小时，我要做25个俯卧撑。

当同事们发现我做的事情时，我会尴尬吗？

当然。

我觉得这么尴尬值得吗？

当然。

改善心情的事物

丹麦人对自行车的爱部分来自这种交通工具对我们每天心情的正面影响。除了步行和骑行取代驾驶后自己能得到锻炼外，研究还表明步行和骑行比驾驶更能带给我们好心情。

来自多伦多麦吉尔大学的一组科学家研究了哪种交通方式能给我们带来最好的心情，考察了六种交通方式——驾驶、公共汽车、火车、地铁、骑行和步行——分别在夏天和冬天对3400位受访者的影响。研究者收集了每一方面的满意度数据，并为每种交通方式测算出了一个整体的满意度分数，发现最高的满意度来自那些每天走路去上班的人，而那些要乘坐公交车的人最不满意。

可能你会说，这结果猜都能猜到，如果能走着去上班，当然不会经历3个小时的通勤。没错，通勤的距离的确影响着我们对交通工具的选择，所以，能对通勤者在一段时间内进行跟踪调查，并观察他在更换交通工具后的变化的研究非常有意思。

幸运的是，东安格利亚大学和约克大学的科学家们恰好做了这个研究，在18年间跟踪了18 000名英国人后，于2014年发表一篇题为《活跃的通勤方式能提高心理健康水平吗？来自18次家庭成员追踪调查的纵向证据》的研究论文。在学术著作的世界里，经验法则是题目越长越好。研究发现，当人们的通勤方式从驾驶私家车变成步行或骑行时，他们的心理健康状况都有了好转，尽管通勤时间变长了。

在我骑自行车上班的路上，我会经过占地面积很大的公共花园。这个花园为我提供了感知春天到来的一种方式，我能闻到樱花怒放的香气。骑自行车跟驾车比起来能让我们的心情变得更好，部分原因就是在骑行时，我们的感官能被周遭充分调动起来。我们能真切地感受到生命的活力，步行也是一种比驾车更能充分感知周围世界的方式，特别是当你置身于那种日本人称之为“森林浴”的环境中时。

同林间散步一样轻松

做一个长长的深呼吸，让肺里充满湿润、新鲜的空气。在森林中缓步行走，抬头看看初春那几周特有的鲜绿色树叶，太阳的光线在树叶缝隙间起舞。

稍作停留，闭上眼睛，你能听到自己的呼吸声，远处小鸟叽叽喳喳的叫声，以及风在树林间穿梭的声音。160多年前，亨利·戴维·梭罗在他的著作《瓦尔登湖》中为那些心怀不满的人开出了补药——去丛林野外；现在，“森林浴”或许能让人们重拾对这一剂处方的依赖。

“森林浴”来源于一个日语词，就是把自己浸在森林的氛围里，吸收自然中的景色、气味和声音，为自己的生理和心理健康提供足够的滋养。这个词于1982年被创造出来，现在，数百万日本人都热衷于探寻全国48条“森林疗法”路线，来获得属于自己的补给，这种营养素可以称为“户外活动内啡肽”。

“森林浴”的推崇者们解释了这种疗法与普通运动的不同，在这个活动中，你需要全身心投入，把自己所有的感官都打开，而且这种方式更侧重疗愈。

位于东京的日本医科大学教授李卿对“森林浴”的作用进行了研究，并发现这种户外活动减少了血液中的皮质醇水平，增强了人体免疫力。这个活动不仅仅对人们的身体健康大有裨益。爱希克斯大学的研究人员还积极投入大自然对情绪的影响的研究，在调查了英国1200名参与者后，他们发现积极参加乡村漫步、航海和园艺等活动对这些人的情绪和自我意识有着积极影响。总体来说，越来越多的证据表明，花时间亲近大自然对人类健康百益而无一害。

同样在英国，研究者创立了“幸福绘图工程”，用绘制地图的形式来展现全国的幸福水平，现在，这个工程已经拓展到了全球层面。这构成了伦敦政治经济学院研究项目的一部分，旨在理解人们的幸福水平如何受当地环境的影响。正如他们所说，我们都知道郁郁葱葱的山让人心旷神怡，但我们想知道到底有多心旷神怡。好环境让我们感觉更好在数据上的证据是什么？这个项目参考了实时的个人经验，在这里我鼓励大家都来参加。一位研究者会在一天之内一次或几次给你发消息，询问你现在感受如何，以及几个基本的问题，比如，你现在跟谁在一起，你在做什么，如果你在户外，你可以拍一张照片发过去。这个项目已经从65 000名参与者那里收集了超过350万条反馈。

研究人员发现，平均状况下，那些在全是绿色或大自然环境中的参与者，要比那些在城市环境中的参与者明显地感觉到更幸福。这个研究为自然同幸福感之间的联系提供了新证据，也加强了现有证据的说服力，人们的幸福感与处在绿色环境或大自然中存在积极的关系。

总结一下，越来越多的证据说明，大自然对我们的健康和幸福起着积极作用。此外，“森林浴”可以帮你将脑子里的烦心事清空，让自己的感官重回巅峰状态。事实上，我发现“森林浴”和逐渐流行起来的正念训练有很多共通之处。

幸福小窍门：到野外去

在一年的时间里，定期到大自然中去，访问相同的地点，并留心每次景致都发生了什么变化。

找一片森林并探索它，慢慢观察，抛弃哪个角度拍照好看，要放在社交媒体上的想法。相反，驻足倾听风划过树叶的声音，观察太阳光在枝杈上跳来跳去，深呼吸，然后看看你能辨别出几种声音。试着一年中定期几次访问这里，欣赏景色随季节变化的样子。问候每一个季节的第一天。你可以自己去或者邀请别人加入你。

在不丹洗净杂念

在不丹的一些学校里，师生们以安静的“洗净杂念”时刻来结束一天的课，做短暂的正念练习。

正念修行在佛教中有着很深的渊源，要义就是人对幸福的永恒追求会导致痛苦。我们能感受到痛苦是因为万事皆非永恒；正念是活在当下，就在这里，现在这一刻，用爱和善对待自己。我们的念想经常纠缠于未来和过去，正念就是要人们活在当下，体会当下。

因为不丹对国民幸福总值的重视超过了国民生产总值，这个国家几乎变成了观察不同方式如何提高国民幸福的实验场所。其中一个成就是国民幸福总值课程，这个项目是不丹教育部同宾夕法尼亚大学一起合作展开的，主要内容是教授中学生教科书外的10种生活技巧，正念就是其中一种。

超过8000名学生参加了这个实验研究，研究人员任意挑选学校，一部分学校构成试验组，教授真正的国民幸福总值课程连续15个月；另外一些学校构成控制组，在一样的时间内教授作为安慰剂的国民幸福总值课程。

研究者们这么做是为了检测两个推断。第一，国民幸福总值课程能提高幸福水平吗？第二，提高的幸福水平能促进学业表现的进步吗？最后得出的结果是，这个课程显著提高了学生的幸福感，并推动了学业表现的进步。

让我们来聊一聊精神健康

尽管精神健康和生理健康间的联系密不可分，但精神健康的重要性一直被忽视，不幸的是，精神类疾病仍然是个禁忌话题。

一天，我正在接受一个韩国男人的采访。我告诉他我建立幸福研究所的原因之一是，我的一个好朋友在49岁时突然离世，而我的母亲也是这个岁数离开的，这是一个提醒信号。如果你只能活到49岁，那你活着的这些年要做什么呢？是继续做我当时的工作吗？我已经对它失去了激情；还是冒点险，做一些很了不起的事呢？

就在此时，那个年轻人跟我说他的母亲也是49岁逝世的，死因是抑郁症。在经合组织国家中，韩国的自杀率排名第一，抑郁症的患病率也很高。抑郁症是病，但并不是不可治疗的。遗憾的是，韩国同很多其他国家一样，精神疾病被当作人生污点，导致治疗的缺位，有时还会造成灾难性的后果。

在经合组织成员国的其中28个国家中，韩国的抗抑郁药物消费量位居第27位，丹麦第7位。这能说明丹麦人比韩国人更抑郁吗？不，这只能说明丹麦人得到了一定的治疗。药物是否是治疗的正确手段还有待商榷，但生活在一个精神疾病能获得治疗且负担得起的社会是一件幸事，负担得起是由于政府的补助，在这个社会中，人们已经不把患精神疾病当作人生污点，自己也能够主动寻求治疗。

为了对抗把精神疾病当作人生污点的观点，我们需要更多的倾听和知识；需要化解误会，停止歧视；需要停止在患者背后的议论；需要把这些可怕的词说出来，让它们失去诅咒的效力，让人们不再默默地同病魔做斗争。

我们需要向那些勇于打破精神疾病需要被掩盖这种错误观点的人致敬。数年前，一群丹麦作家、名模和电影导演参加了国家电视台的一个系列节目，讲述了各自对抗精神疾病的心路历程。前不久，英国的哈里王子公开承认自己面临的挑战。他说，“在很多场合，他都濒临精神崩溃”，并鼓励更多人在需要的时刻去寻求他人帮助，使精神健康的讨论常态化。“我的经验是，一旦你开口谈论这个问题，你会发现你只是这个巨大群体的一员。”他在2017年4月对《每日电讯报》说。

正是由于这样的举动，根据经济学人智库的“精神疾病平等化指数”显示，英国和丹麦在为精神疾病去污名和增强大众认知的排名中分列第一和第三。社会对精神疾病敞开胸怀的时刻到了，就像对待其他疾病一样。所以，让我在这里加上自己的经历，我的母亲生前也罹患抑郁症，并不需要遮遮掩掩。韩国社会正视精神疾病问题的曙光就在不远处，这位年轻人现在是斯特拉基金会的负责人，这个机构旨在唤醒人们认识并坦诚对待韩国社会的抑郁症状况。他送给了我一个架子，上面挂了3个古代韩国的脸谱，象征了他对抗的对象——那些为人们提供躲藏之地，让他们不敢面对现实的面具。我把这个架子摆在了家中办公室的桌旁。

幸福小窍门：开始谈论精神健康

下次当你问一个人“你过得怎样？”时，要对回答产生真正的兴趣，不要接受“不错”这样的敷衍。

英国精神健康基金会指出，将近一半的英国成年人相信，他们都有过可被诊断出的精神健康问题，但只有三成接受了诊断；每周，六名成年人中就有一位经历普通的精神健康症状，比如焦虑或抑郁。不要害怕问你的朋友、家人或同事这个问题，“你到底过得怎样？”不要接受简短的敷衍作为回答。在美国卫生与公众服务部下属的精神健康网站mentalhealth.gov上，有很多建议能帮你展开与朋友或家人关于精神健康问题的谈话。其中提到了直接将问题提出的方法，比如，“我最近一直在担心你。我们能聊聊你最近经历了什么吗？如果不能，你觉得跟谁聊会让你更安心？看上去你好像正在经历一段非常困难的时期。我能怎么帮你寻求其他帮助？”或者是，“我很关心你，也很想倾听你的想法。关于你的近况，你有什么想让我知道的吗？”

健康

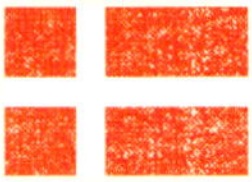

把通勤当作锻炼

哥本哈根：在哥本哈根，45%的通勤者都骑自行车上班或上学。这从一个方面解释了在不用去健身房的情况下，为什么丹麦人比大多数人都得到了更多的体育锻炼。案例在第125至128页。

“骑行道”活动

哥伦比亚，波哥大：每周日，市内的100多公里道路上都对机动车采取限行措施，并转化成适宜步行、骑行和休闲的地方，得到了100多万市民的积极参与。案例在第135页。

“森林浴”

日本：“森林浴”来源于日语的一词，就是把自己浸在森林的氛围里，吸收自然中的景色、气味和声音，为自己的生理和心理健康提供足够的滋养。案例在第143至145页。

洗净杂念

不丹：师生们以安静的“洗净杂念”时刻来结束一天的课，并做短暂的正念练习，来提高他们的幸福感和学业表现。案例在第146至147页。

为精神疾病去污名

英国：据经济学人智库的“精神疾病平等化指数”显示，英国在为精神疾病去污名和增强大众认知的排名中高居第一。尽管所有国家还有很长的一段路要走，但最近由王室牵头发起的一项活动，邀请了名人和社会人士在视频中讲述抑郁或焦虑的经历，朝着正确的方向迈了一步。案例在第149至150页。

风景美如画的路线

美国：雅虎实验室的研究者开发了一项算法，为广大用户提供了从现在地点前往目的地的最美路线。比如说，在波士顿，从保罗列维尔之家到州政府的最短路线会让你走过路边停满车的街道。现在多花两分钟的时间，你就能步行经过安静的街区，还能一路欣赏著名的地标建筑。

体育糖果

冰岛，雷克雅未克：儿童节目《慵懒镇》以体育运动头号支持者为主要人物，通过他大力推荐包括蔬菜和水果的健康饮食来鼓励孩子们多参加户外体育锻炼，保证饮食健康。这个角色同剧中懒惰、依赖垃圾食品的坏蛋和运动反对者形成强烈反差。冰岛的主要连锁超市同该剧合作，像剧中一样，将所有陈列的水果和蔬菜都标记为“体育糖果”进行销售，水果和蔬菜的销量进而增长了22%。

第六章

自由

自由

让我来问你一个问题：“你对你自己可自由选择过什么样的生活，是满意还是不满意？”可以明确的是，有选择自己过什么样的生活的自由，感觉到自己能主宰自己的命运，同幸福密切相关。

2012年《世界幸福报告》提到，“如果不能选择自己生活的方式，那么一个人不会真的幸福”。《报告》同时发现，“拥有选择的自由”是决定了一些人更加幸福的六个要素之一。

在丹麦，人们享有言论和集会自由，以及同自己爱的人结婚的自由，当然，前提是那个人同意。不然，我和英国著名女演员蕾切尔·薇兹也能喜结连理了。

《人类自由指数报告》衡量了世界各国和各地区人们每年的自由状况，2015年的《报告》显示，丹麦排名第四，在瑞士和芬兰之后。

"如果不能选择自己生活的方式，那么一个人不会真的幸福。"

——2012年《世界幸福报告》

这个指数不但考量了一系列诸如迁徙、集会、言论等自由，还纳入了70多个指标，包括宗教团体的自治权、媒体报道内容的自由，以及对待同性关系、离婚和平等继承权的态度等。

但我认为《人类自由指数报告》衡量自由时忽视了一个要素——时间，这是一种我们每个人都共同享有的资源。我们每人每天都有1440分钟，每周有168小时。但在花费时间上，我们又有着不同的自由度。在这一章里，我们将关注影响人们自由的三个方面，或者这么说，你是如何在工作、家庭和通勤等方面花费你的时间的，然后再总结一下从最幸福的那群人身上，你能学到什么。

自由之境

“说到提高生活质量，我觉得搬到哥本哈根来是我们家做出的最正确的决定。”

5年前，凯特和丈夫西蒙带着他们的第一个孩子从伦敦搬来，那时西蒙收到了在丹麦的工作邀请。从那时起，家庭成员的数量也增长到4个。他们把搬家的决定称作是“信仰的飞跃”，凯特在哥本哈根找到了传播行业的职位，但必须放弃在伦敦待遇优渥的工作，这让她可以把精力都放在抚养孩子上，此前，他们两个人从来没来过丹麦。

“我们那时真的很累，工作时间很长，上下班通勤很久，周末总算有时间聚在一起，却感觉对方像陌生人。工作日我很早就上床睡觉了，而西蒙加班到很晚才回家，所以有时候我们都见不到对方。”

如果有那么一件事情让在丹麦的每个外国人所津津乐道，那就是“工作和生活平衡”。“你们对于分配时间的方式完全不一样。你们珍惜每天同家人一起吃饭的时间。在伦敦或许我们赚得更多，但我们的个人时间却少得可怜。”

对于很多外国人来说，最大的变化莫过于工作和生活之间砝码的转换，在丹麦，他们把下午5点后死寂的办公室称作“太平间”。如果你在周末工作，丹麦人会觉得你是一个在做一些见不得人的事情的疯子。

“我觉得英国和丹麦工作文化的主要差异在于，丹麦人毫不掩饰自己对闲暇时间的重视。你们珍视同家人和朋友共度的时光。你们下午四五点就下班了，并且不需要任何解释。上周，我下午5点下班，骑自行车回家——我完全被丹麦同化了——20分钟就能到家。西蒙已经把女儿们接回来了，正在准备晚饭。”

北欧人的观念是，孩子是两个人共同生的，所以养孩子也应该是两个人的责任。“职场上，有人会说他们下午4点开不了会，因为得接孩子。这场景在伦敦是不可能出现的。”

一些数据也支持了凯特的感受。根据经合组织的统计，丹麦是世界上工作和生活平衡制度执行得最好的国家之一。在丹麦，每年每位劳动者的平均工作时间为1457小时，在英国这个数字是1674小时，美国1790小时，经合组织成员国平均值为1766小时。丹麦人在工作上同时享有很大的弹性，比如在家办公和自己决定工作日上班时间。在规定的时间内完成工作和准时参加会议比什么时候和在哪里工作更重要。此外，对于每一个劳动者来说，每年都有至少5周的带薪假期。

工作与生活平衡排名

1. 荷兰	14. 爱沙尼亚	27. 智利
2. 丹麦	15. 意大利	28. 新西兰
3. 法国	16. 捷克	29. 巴西
4. 西班牙	17. 瑞士	30. 美国
5. 比利时	18. 斯洛伐克	31. 澳大利亚
6. 挪威	19. 斯洛文尼亚	32. 南非
7. 瑞典	20. 希腊	33. 冰岛
8. 德国	21. 加拿大	34. 日本
9. 俄罗斯	22. 奥地利	35. 以色列
10. 爱尔兰	23. 葡萄牙	36. 韩国
11. 卢森堡	24. 波兰	37. 墨西哥
12. 芬兰	25. 拉脱维亚	38. 土耳其
13. 匈牙利	26. 英国	

来源：经济合作与发展组织《美好生活指数》。

国家给抚养每个孩子的妈妈52周的带薪产假，这些假期你可以跟你的伴侣一起享受。你获得的带薪产假的总量由几个因素所决定，包括你的薪酬和你是否为全职。即便你没有工作，你也可以每个月从国家那里领到18 000克朗的补助。抚养孩子也有补助，每个孩子每月可以收到约300克朗。

为了使工作与生活平衡，家庭友好政策和父母体验到的自由度等方面的差异变得清晰，我们应该考量为人父母的“幸福价签”的高低，也就是所谓的“育儿幸福感差距”。

在育儿幸福感上的差距

孩子是快乐和爱的源泉，这一点毋庸置疑；但同时，孩子的诞生也带来了压力、挫败感和焦虑。

疼爱孩子并相信他们是上天赐予的最美好的礼物，并不是说抚养他们完全没压力。孩子为父母提供了充实生活的目标，并要求父母牺牲自己的空闲时间。孩子如何影响我们的幸福呢？“父母快乐的程度取决于最不快乐的那个孩子”这种说法对吗？

以幸福为主题的研究经常提到，对于那些不知道自己如何过周末，索性就去星巴克，或者连刷几集连续剧《西部世界》，再或者去喝几杯，要不读小说，再要不睡大觉，再要不就去健身房的无育儿压力的夫妻来说，有孩子的父母往往会更不快乐。

这就是“育儿幸福感差距”，或者叫作“育儿幸福式惩罚”，并催生了类似于“孩子们夺去了父母的幸福和快乐”和“研究表明，有了孩子之后会变得更不快乐”之类的标题。但我认为，当这些故事成为耸人听闻的新闻时，一些细节被忽略了。

首先，养育孩子可能会对幸福的一个维度产生负面影响，比如说生活的整体满意度，但却被证明对其他维度产生了积极的影响，比如说目的和使命维度，这一维度着重体现了生活的意义和人们的使命感。

其次，孩子对女性幸福感的影响与对男性的有差异，传统意义上的女性在抚养孩子这方面责任更大，负担也更重。正如卢卡·司坦卡教授在著作《为人父母和幸福的地理学》（*The Geography of Parenthood and Well-Being*）中所讲，在女性身上，这种育儿的幸福式惩罚要高出65%。

第三，孩子也分不同的年龄和生长阶段。一岁以内的孩子可以长达数月地让你不能安心入睡，但50年后，当你在养老院颐养天年时，他又可能会变成你快乐的源泉。研究表明，对于丧偶的人来说，孩子对提高生活满意度有着正向的作用。记住，在这些新闻故事里，以“育儿使人们变得更不快乐”作为标题比“科学研究表明，孩子对幸福的影响有好有坏，取决于用什么维度衡量幸福和存在于动态的终生关系中的复杂性”吸引的点击量高多了。

生活满意度的溢出

来源：卢卡·司坦卡，《为人父母和幸福的地理学》：孩子使我们快乐吗？在哪些方面？为什么？——选自《世界幸福报告》2016年于罗马发表的特别版。

为什么抚养低龄儿童的家长总体生活满意度比没有孩子的夫妻低，这个问题仍然无解。在不同地方，我们所得出的育儿幸福感差距也不相同。在美国，有孩子的家长的满意度比没有孩子夫妻低12%；在英国，这个数据为8%；在丹麦为3%。瑞典和挪威这个差距更小，只有2%，这两个国家的情况却反了过来，抚养孩子的父母比那些没有孩子的夫妻更幸福。斯堪的纳维亚一直在家庭友好度的相关指数上名列前茅，瑞典在家庭和工作的平衡上比丹麦做得更好。比如说，瑞典父母每年有权享有60天的假期，以便在家照看12岁以下生病的孩子。

在得克萨斯大学社会学教授珍妮弗·格拉斯的带领下，一组研究者调查了不同国家的育儿幸福感差距和父母的自由程度。他们问到了一系列的问题，包括：负担得起儿童保育服务吗？可以请假照看生病的孩子吗？有相关的带薪假期吗？换个问法就是，雇主是否为家长提供了条件和自由，让他们将工作和照料家庭结合在一起？结果显示，不同国家实行的家庭友好政策解释了育儿幸福感中存在的差异。在有些制度完善的国家，育儿幸福式惩罚消失了。结果是，最快乐的父母似乎在葡萄牙。

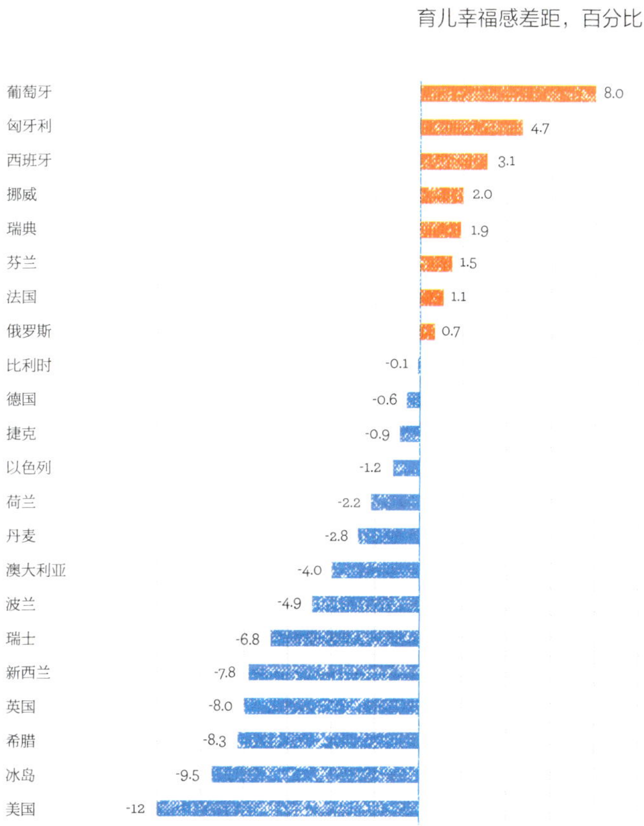

来源：格拉斯、西蒙和安德森，《成为父母与幸福间的关系：22个经合组织成员国中工作和家庭平衡的政策与影响》，2016年。

在葡萄牙，祖父母为父母提供了不可或缺的支持基础，他们在抚养孙子辈的过程中扮演了功能性的角色。一项始于2005年的研究，在监测了6000名儿童和他们父母和祖父母的日常习惯之后，得出了这样一个结论，那就是葡萄牙的祖父母在本国家庭的日常生活中起到了决定性的作用，并习惯性地帮忙照看孙子辈的孩子。高达72%的受访者说，在教育孩子的过程中祖父母是首要搭档，帮助并监督孩子们完成作业，开展课外活动。当六个成年人，而不再是两个，积极参与并分担照看孩子的责任，送他们上学，监督他们写作业，给他们做饭，带他们去体育和其他课外俱乐部，顺便完成其他的杂事，父母享受的自由和闲暇时间也会更多，最后会反映在更高水平的幸福感上面。

珍妮弗对《纽约时报》解释道，所有的这些受调查国家都比美国有更多更实用的政策，来支持工薪家庭。这个问题还被英国喜剧演员约翰·奥利弗在他主持的《上周今夜秀》中调侃过，他在一期母亲节特别节目中说，世界上只有两个国家不给生育后的母亲带薪产假——美国和巴布亚新几内亚，并评论道，如果美国真正疼爱母亲们，在每年庆祝一下母亲节的基础上，还应该出台有利于她们生活的政策。

奥利弗说，在美国解决这个问题之前，母亲节需要传达的唯一信息就是："妈妈们，我们把所有这一切都归功于她们。她们把我们生下来，养育我们，把我们造就成现在的样子。在这个母亲节，我只有一件事想提醒各位妈妈：赶紧给我滚回去上班。"

幸福小窍门：结识额外的钟点祖父母

我们都能从与非同代人打交道中获得好处。考虑一下谁能成为钟点祖父母，或者你只需要找一个年长的朋友来搭把手。

一个完美运转的社会应该有着斯堪的纳维亚式的家庭政策和葡萄牙式的祖父母。我们的父母可能已经离世，也可能住得远不便在抚养孩子上提供足够的支持。为了迎合这个需求，丹麦的几座城市相继出台了“额外的钟点祖父母计划”，老年人志愿为有需要的家庭发挥祖父母的作用。比如说，钟点祖父母不但可以帮忙照看生病的孩子，还会参与到家庭的纪念日等其他庆祝活动中。虽然这个体系目前只存在于丹麦，但你可以自己创造一个类似的计划。一个额外的帮手能带来很大的帮助，不但可以为孩子们提供不同的体验，还能为他们倾注额外的耐心。这也能减轻老年人的孤单和寂寞。第一步，你可以在社区图书馆或者自己打造的小花园见见你的邻居们，相互建立联系和信任。

案例分析

露易丝和汤姆的故事

“作者在其描述的生活中拥有很多特权，其中一个便是世界就是你的家。当我离开舒适的大学教职，搬去国外开始一段新生活时，我承担了很大的风险。”

“我们做出的有些好决定来自心底一遍遍回荡的问题，‘为什么不？’然后回答道，‘去试试吧。’如果一直这么渴望却不付诸行动的话，失望将会越积越多。”《托斯卡纳艳阳下》的作者弗朗西斯·梅耶斯2016年在英国《卫报》上写道。她把自己的故事写成一本书，一举登上畅销榜，然后书又被拍成了电影，激励了全世界数百万的人追逐自己的梦想。露易丝和她的丈夫汤姆便是其中两位。

几年前，他们从美国搬到意大利。“我们两个一起在寻找海外的工作，汤姆很幸运地找到了。”

露易丝现在是一名自由撰稿人，她同我在电话上进行了交谈。得知了他们的故事后，我俩都有很多的问题想问对方。当她讲到在意大利的新生活时，我能听出来电话那头的她在微笑。

他们现在住在托斯卡纳大区的首府佛罗伦萨，阿尔诺河流经这座拥有40万人口的城市。这里完全是纽约的对立面，无论是生活节奏，还是声音，或者是味道，抑或是颜色，都完全不同。在圣罗伦佐市场买番茄，你会发现那是一种你从来都不觉得会存在的红色调。

搬家的时候，露易丝和汤姆带着他们5个月大的女儿一起来到这里，他们很快便发现在意大利，育儿的态度也是那么的不同。陌生人会在孩子的脚底挠痒痒，人们还说，晚上8点就让小婴儿睡觉实在是太早了。正是这个小家伙的诞生，让这对夫妻在美国寻找海外的工作。

“我们离开美国来到意大利的主要原因是，在美国育儿成本高得吓人。在这里开销是在美国的一小部分，而且再怎么说，这还是意大利呢……”

但不是所有事情都像那部好莱坞电影一样拥有着美好的结局。“当然，我们想念远在美国的朋友和家人，但很高兴来到这里。在这里，我们有了更多的时间像一家人一样过日子。”

跳出上司的束缚来思考问题：做幸福的创业者

自由女神像的基座上刻着一首诗，其中耳熟能详的一句为：

> 把那向往自由呼吸，又被无情抛弃，那拥挤于彼岸悲惨哀吟，
> 那暴风骤雨中翻覆的惊魂，全部给我。

同露易丝交谈过后，我理解了那些疲乏的人们越来越渴望找到能自由呼吸的新大陆。但离开自己的祖国对大部分人来说，这变化有点太剧烈了。而换老板或许是个比较容易的替代方案。

大约5年前，我告诉父亲我要辞职。那时候我在一个可持续发展领域的智囊机构中担任国际事务主管一职，工作稳定，待遇优厚。

“那你打算干什么？”父亲问道。

“嗯，我想去研究幸福。我想建立自己的智囊机构，叫幸福研究所。”

然后是片刻的寂静。

“我觉得这主意听起来不错。”

当时有人认为在经济刚刚从危机中复苏时，建立一个研究幸福的智囊机构不是好的职业发展路径，但是我记得在很小的时候，父亲告诉我说，考虑工作时，你不应该把目光局限在潜在的收入上，而应该关注你从这行能收获多少满足。“你人生的很大一部分都会倾注在工作上，所以应该做一些让你乐在其中的事情。”

> “在考虑工作时，人不应该把目光局限在潜在的收入上，而应该关注从这份工作中能收获多少满足。”
>
> ——沃尔夫·维金

创业的头几年很艰难。没钱，没闲，我从没这么努力工作，却赚这么少过，也从来没有感到这么充满乐趣。我不是唯一一个有这样体会的人。

“我甚至觉得这不应该被称作工作。我们应该叫它‘创造’。我们总能创造出些什么东西。这也创造出一部分我，成了我的身份。真正的幸福也来自这里。”维罗妮卡作为一名涉足时尚行业的丹麦社会企业家，她还是一股自然的力量和一座快乐的灯塔。去年夏天，我见到了她和她丈夫，还有他们的女儿，他们之前为了寻找完美的羊驼毛在秘鲁待了一个月。当一年后我再次跟她聊起来时，他们全家刚刚从泰国待了一个月回来，这次是为了寻觅完美的丝绸。这次见面时维罗妮卡有所不同，她已经怀孕5个月了，他们全家这两次旅行其实去了相同的地方——监狱，女子监狱。

“事实上，我女儿只跟着我们去了秘鲁的监狱，她没去泰国。”维罗妮卡笑着说道。

维罗妮卡了解到，这些发展中国家被囚禁的女犯人们很多都是因为贫困才犯的罪，之后她便在哥本哈根创立了时尚品牌“卡塞尔”（Carcel），那些在狱中的女性把时间转化为技术和有收入的工作，赚钱支持自己的生活，送孩子接受教育，并攒下来一些为出狱后重新踏入社会做准备。这样做是希望能最终打破贫穷和犯罪的恶性循环。每一件产品上面都标着制作者的姓名。产品均在女子监狱中制成，工资由监狱方发放，这些钱为女犯人养活自己和家庭提供了帮助。

从零开始创业很艰苦。“我穷，但我快乐。创业的工作量比正常的工作大得多。但我不会用这份事业去换世上的任何工作。创业后最大的变化是你等于工作。我成为母亲，当上公司老板，作为爱人，交朋友没有先后顺序。我就是维罗妮卡，一直都是。这才是让我感觉快乐的原因。”

维罗妮卡不是特例。据《世界幸福报告》显示，创业者在很多方面并不如意，比如收入、工作时长和工作保障等，尽管如此，他们整体的工作满意度却往往比有固定工作的劳动者高，至少在经合组织成员国是这样。

为什么在经合组织成员国中创业者比有固定工作的人更幸福，而不是在那些略贫穷的国家？答案就藏在决定创业的原因中。开创自己的生意是因为我们想这么做，还是因为正规就业市场中没有机会？

创业者的工作时间比有固定职业劳动者要长。可能因为手头紧，他们会偶尔在朋友家借宿，但他们却更快乐。至少研究报告可以说明这一点，创业者不仅有较高的工作满意度，还有较高的生活满意度。

另外一个原因是我们创业者都是怪人。我们更乐观，其中一位还在经营宠物狗安眠舱。当人们从固定职业者变为创业者时，他们的幸福感一定会增加，原因是什么？

创业企业家有明确的使命感和人生的规划，研究也指出，人们普遍认为自己给自己当老板能带来更大的自由和更多的机会，这其实是为工作和生活创造快乐的源泉。

创业者几乎没有空闲时间，但他们却有很多自由来追寻自己的激情所在，对客户说“不”，以及根据家庭的需求来安排工作日程。

维罗妮卡解释道：“我对自己什么时候在哪里有着绝对的决定权。因为抚养年幼的孩子，全身心地投入事业会变得困难，但创业者却可以为日常生活制定不同的安排。对我来说，这种安排会围绕着孩子的需求。如果某天早上我觉察到我女儿的情绪有点低落，那么我会晚上班一小时，再给她读一本书，因为我没有老板命令我什么时候必须上班。女儿在这样的环境中长大，成为她人生经历的一部分。总之，我们在创造一段属于自己的故事。”

虽然大家都渴望创业者所享受的自由，却很少有人想承担随之而来的风险。所以，作为一名有固定工作的雇员，让自己享受到更大的自由度的方法还是很值得思考一下的。

释放更多时间的五个方法

多做一些食物：

周末的时候多做些饭，把自己一顿吃不完剩下的食物储存在冰箱里，之后的几天也可以继续享用。

利用松弛时间：

一天当中你花费在等待上的三五分钟的时间也可以利用起来。你要自己有意识地使用这些时间碎片。事先你得决定好你打算用这些时间干什么。比如我会打开手机应用程序“多邻国”来提高我的西班牙语水平，既然你已经对搬去意大利开始心动了，那为什么不学点意大利语呢？

二合一：

你可以把两件事情合在一起做，而不是一定要做出选择，比如，社交还是运动。跟朋友一起去慢跑，玩飞盘，或者去山间骑行。

把自己绑在桅杆上：

在《奥德赛》中，主人公奥德修斯要求把自己绑在桅杆上，以抵御塞壬的诱惑。如今，我们也需要找到有效的方法，让自己远离刷脸书等浪费时间的事情。大多数人都希望自己能少花些时间上网或挂在脸书上，像“自由”（Freedom）这样的应用程序可以帮到你，防止你连续上网超过8小时。

应用“帕金森定律”：

如果你时间较少，那么很可能你会更有效率。如果你配偶的父母打电话来，说他们15分钟后到，你一定会超级有效率地在他们到来之前把家里清理干净。根据英国历史学家、作家西里尔·诺斯古德·帕金森所说，“工作会自动地膨胀，占满一个人所有的可用时间。”为了解决这个问题，办法就是规划好你要开始这项任务的时间，以及你必须结束的时间。

邮件、会议和上司

想象一下，在工作中你有一整天属于自己的时间。不用参加任何会议，也不用同八位同事坐在会议室中，听两个人激烈讨论什么才是正确的解决方案。

你的老板也不会给你电话，问你要一份信息技术项目的进度报告，你收到邮件的标题中也没有“紧急事项”的标签。这梦要是能实现那该多好啊。再想象一下，要是有那么多自由你该如何利用，那一天应该会完成很多需要你全神贯注的工作，这工作是你一开始就选择做的，因为你享受它给你带来的愉悦。

大体总结一下，在工作中，有三件事占据了我们的自由，分别是会议、上司和邮件。我们很多人都尝试在会议间隙的10到20分钟来做一些需要专注的工作，这些任务往往都需要大块的连续时间来完成。连续创业者，《远程工作——不需要办公室》一书的作者杰森·弗莱德说：一个接一个的会议和上司们降低了我们的生产效率。在会上，与会者们谈论着他们已经做过的工作和将要做的工作，而上司们的使命就是打断下属的工作。这两者都扼杀着我们的生产力。

作为解决方案，弗莱德提出，除了很多公司执行的“星期五便装日”以外，还应该引入“禁言星期四”。选一个固定的周四，比如每月的第一个或最后一个，然后立下规矩，那一天办公室的所有人都不能说话，不能相互打扰，不能相互打电话，不能开会，只需要维持安静，然后着手做你该完成的事项。

我们在幸福研究所也这么做过。对我们来说，不要说一整天了，就连一个下午不跟同事交流都很难，所以我们稍加修改，推出了每天的“创意区”，两个小时无打扰时间段，用来完成需要集中注意力的工作。

随后，我发现英特尔公司进行了“请勿打扰”的试验，意在营造每周二上午的安静氛围。在该公司位于美国的两个办公场所，300名工程师和经理一致同意每周二上午杜绝相互打扰，这个时段不能安排会议，所有电话被转入语音信箱，电子邮件和即时通信系统被关闭。这么做的目的是创造连续4小时的“思考时间”，并衡量它对工作带来的影响。这个项目试验了7个月，71%的参与者愿意把它推广到其他部门，英特尔公司发现，这个试验“成功地提高了不同岗位上无数员工的工作效率和生活质量”。同英特尔公司一样，我也觉得设置不受打扰的时间段很有用，能提高生产率，但像我们幸福研究所一样，你的公司可能需要在具体实行方式上稍微变通一下。

对一些人来说，“禁言星期四”或“清净周二上午”跟在家办公的概念相似。不开会，也没人会打断你的工作。在丹麦，劳动者有很高的自治权和很大的弹性，他们可以把一部分工作带回家做。

这也是94%的丹麦人对他们的工作环境满意的原因之一，至少“欧洲晴雨表”是这么说的。“欧洲晴雨表”自1973年起，代表欧盟委员会监测公众舆论。

但我认为更大一部分原因是58%参与调查的受访者表示，即便自己的经济条件不需要再工作，比如说中了1000万克朗的彩票，他们也会继续这份事业。工作能且应该成为幸福的来源，一个精心设计、运转良好的办公环境能使我们更精神饱满地投入到工作中去。所谓精心设计，就是要提供一定的自由，没有打扰的独立工作时间，这也使员工们能自由选择在家办公。

幸福小窍门：“免扰”倡议

尝试发起“清净周二上午”的倡议，来提升工作中的自由度。

跟同事们讨论一下弹性和自主的工作制如何能提高员工满意度和工作效率。你上司可以试着引进“清净周二上午”的概念，每周二上午划出两三个小时的免打扰时间，不安排会议，也不能打电话或发邮件。说服同事们进行一两个月的试验，结束后对大家的满意度和工作效率评估。你也可以建议实行“周三在家工作”项目，如果一位同事能在上下班路上省下2个小时的通勤时间，那么他很可能会把其中的一小时用在工作上，还能多出来一小时的空闲时间。

小心站台缝隙

我建议所有大学生都应该上这门必修课，主要教学内容是：每位同学都需要把自己塞入空间尽量小的衣柜中，他们需要在里面待45分钟，不得跟旁边的人有眼神交流。

有眼神交流就算犯规，之后他们会被要求进入更小的柜子，这个柜子装不下所有的人，但如果进不去的话，这门课就挂掉了。我把这门课命名为“通勤101”。

我不知道让-保罗·萨特在通勤路上花多长时间，但有可能他在这个过程中想出了“地狱即他人”的名言。的确，有些人在日常通勤中能收获很多满足和价值，他们阅读、听歌，或者只是在那里思考着一天的事情；但大部分人都把通勤当作负担，对在这件事上没有自主决定权感到沮丧，被困在了公交车、地铁或汽车上。

汽车代表了终极的自由是典型美国式想法，全世界的汽车广告都一个样，营造一种驾车沿着海岸线兜风，周围绿树环绕，只有你一辆车独占道路的场景。而现实生活中，我们更可能被堵在路上，在通勤高峰时一点点地往前挪动，周围此起彼伏的鸣笛让你心烦意乱，“路怒症”发作。这跟自由一点都不沾边，汽车反而拖累了生活，同广告中宣传的幸福相去甚远。

让情况更糟的是，很多人都认为通勤是一天中最差的时刻，一些研究结果也证明了这点，这些研究让人们对日常的不同活动打分。诺贝尔奖获得者，心理学家丹尼尔·卡尼曼利用每日报告的方法进行了一项研究，受访者详细叙述了自己在前一天的活动，具体做了什么，什么时候，跟谁一起，以及做每件事时感受如何。调查中，909位美国妇女认为早上去上班的通勤过程是一天中最糟糕的时刻，然后是工作和下班回家的通勤过程。

不幸的是，我们在通勤上耗费了大把的生命。但个体间也有很明显的差异，根据经合组织的调查，南非和韩国的通勤者每天在路上用去的时间是爱尔兰和丹麦的两倍。这还不算什么，通勤时间最久的城市是曼谷，那里的居民平均每天要花2个小时上下班。

同一国家中的不同城市和地区，人们的通勤时间也不尽相同。在英国，伦敦上班的市民通勤时间最长，平均74分钟，有报道说，约有200万英国人每天上下班花费3小时或更久。

通勤时间

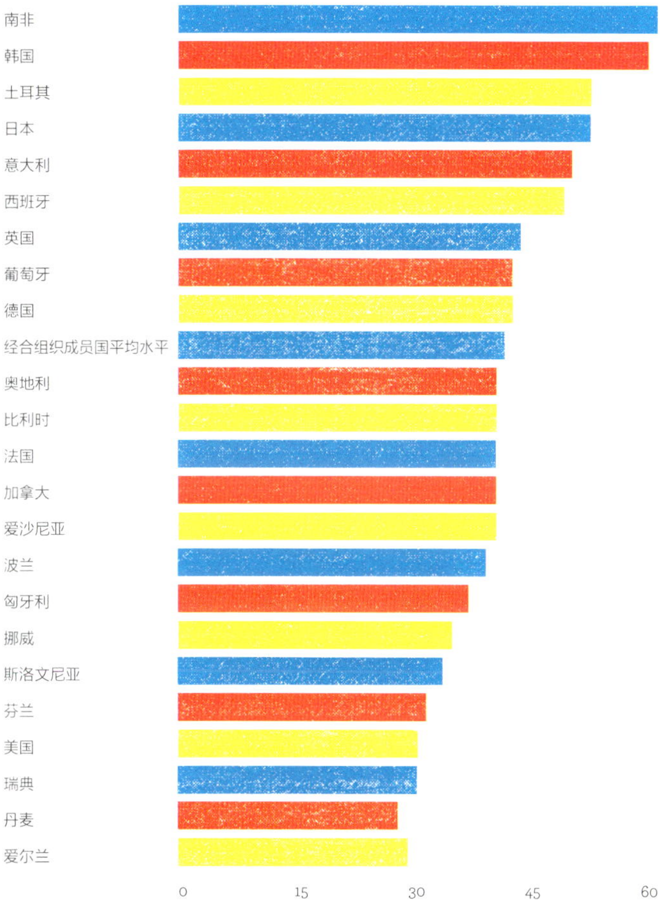

单位：分钟

来源：经合组织，《生活怎么样？幸福程度衡量：通勤时间》，2011年。

当今，越来越多的人发现平衡工作和生活很难，在一天24小时中完成所有事情几乎不可能。或许你会对下面的结果很吃惊，但根据英国国家统计局的测算，通勤里程增加，通勤者的幸福感也会随之下降。

以通勤时间在1至15分钟的一群人作为基准参照，很明显能看出，通勤时间超过这个范围的劳动者表示自己更不幸福，在家工作（或住得离办公室很近）的受访者则更幸福。

如果询问这些人的焦虑程度的话，我们能得出相同的结论。在家办公的人比其他人都轻松（较不焦虑），有意思的是，那些通勤时间在3小时以上的人，并没有比1至15分钟的通勤者更焦虑。我们目前还不能完全解释通勤时长达3小时后消极影响趋于消失的原因，可能这些人更好地利用了通勤时间来阅读或处理工作上的事，或者他们有意选择在伦敦工作却住在乡村，舒适的生活环境抵消了通勤的消极影响。

通过观察决定幸福指数的几个指标，我们发现通勤时间在一小时到一个半小时的人，他们的体验是最差的。

杰西卡是他们中的一员，在旧金山的广告公司就职后，她每天的单程通勤距离就有90公里。如果赶在高峰出行，上下班通勤会消耗掉4个小时，但好在薪资待遇不错，省下的钱可以支付昂贵的医疗费用。

在一天繁忙的工作结束后，远距离的通勤跋涉让这位35岁的职业女性吃不消。压力让她患上了胃病，意志消沉，而保持长时间驾驶的姿势也导致她背部下方的神经受到压迫。

9个月后，她辞职并成为一个自雇佣者，工作职位是自由设计师和摄影师。薪水虽然少，但她可以在家办公。当英国广播公司2016年7月报道她的故事时，她已经怀孕6个月了。

自由

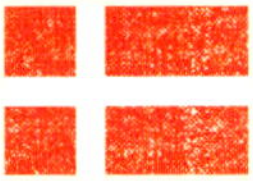

工作与生活的平衡

丹麦：丹麦人拥有的工作和休闲平衡状态是世界上最好的之一，标准的工作周为37个小时。他们还在工作时间上享有很大的弹性，比如，在家办公或决定自己工作日什么时候去上班。案例在第161页。

普遍基本收入

芬兰：2017年，一项为期两年的试验在芬兰铺开，无论收入水平、个人财富还是就业状况，2000位公民每月都能获得560欧元的保障收入。芬兰人希望通过这个政策能摒弃官僚作风，减少贫困并促进就业。

30小时工作周

瑞典：全国数个公职部门和私营企业正在尝试缩短每日和每周的工作时长。搜索引擎优化公司“博拉思”（Brath）就是其中一家，据他们称：“在6小时内完成的工作比其他公司8小时还要多。相信这能带来高水准的创意，这正是我们所处的行业所需要的。我们认为没人能连续8小时保持创意和生产效率不受影响，所以6小时工作制更合理，虽然我们有时也会在工作时间内浏览脸书或新闻。”

远程办公地点

匈牙利，布达佩斯：既然现在的工作不一定都要在办公室里完成，在信息互联变得更畅通的大背景下，越来越多的自由职业者和创业者跳出条条框框，选择在国外远程办公。布达佩斯、曼谷和柏林成为这些游牧上班族的首选目的地。位于匈牙利首都市中心的一居室公寓每月租金为500美元，而咖啡馆的一杯咖啡仅为1.25美元。

“职住相邻”计划

美国，马里兰州：根据这项计划，那些选择在距工作地点8公里范围内购房的人，将能获得最高3000美元的奖金，用于支付新房的首付或尾款。计划的参与者花费的通勤时间随之减少，一大批人的出行方式从驾驶转成步行。

下班后无邮件

德国：大众汽车在2011年实行了一项新举措，在非办公时间关停部分邮件服务器，使一些员工无法用手机收发工作邮件。这个时段内员工们仍然可以接打电话，邮件收发功能在规定下班时间后30分钟停止，并在上班时间前30分钟再次开启。这个举措并不适用于高层管理人员。

第七章

信任

发现信任

1997年的一天晚上，安妮特前往纽约的一家餐厅吃饭。这家餐厅在室外有一片用铁链围起来的座位，安妮特把婴儿车放在了那里，里面是她熟睡的女儿，她自己坐在了室内靠窗的地方。

但是不一会儿，安妮特就被逮捕了，还被铐了起来，她差一点就因为忽视儿童罪坐牢。说句公道话，她只是做了大部分丹麦父母都会做的事。

去哥本哈根旅行，在习惯了街道上来来往往的自行车后，你还会注意到别的事情——婴儿车就那么摆在室外的公共场所，而孩子们在车里酣睡。当家长们在室内喝咖啡时，小古斯塔夫和小弗莱娅和他们的婴儿车就在街边放着。当你去乡下，你会发现路边有一些没人照料的蔬菜摊，想买什么自己取，再把钱塞进旁边的盒子里。

你不仅能看到信任，大家还表示对你的信任。一天下午，我去修车铺取自行车，却心不在焉地把钱包落在了家里。“没关系，先把车骑走，明天再把钱带来吧。”修车师傅说。那天，我得读完并签署一个长达6页的合同，还要为一家美国媒体写一篇一页长的社论。这位师傅的举动让我一整天都非常开心（还建立了顾客忠诚度），当然，如果信任缺失，这么小的交易都需要签合同的话，只能让律师的日子很开心。

在《福布斯》杂志上刊登的一篇题为《乐在丹麦，为什么这么说？》的文章中，艾丽卡·安德森讲述了她的相似经历，那时她正在丹麦访问，并试图发现为什么这个国家在幸福指数排名上的表现如此优异。访问期间，她想租一匹马骑着观光，但马厩不接受信用卡，主人告诉艾丽卡可以先把马骑走，等下回来再付现金。

这件事之后，艾丽卡直接得出了结论，认为丹麦人这么幸福就是因为社会中广泛存在的信任。她说对了，信任的确是决定为什么有些国家更幸福的六个要素之一。2015年《世界幸福报告》指出，“一个成功的社会是成员相互高度信任的社会，包括对家人、同事、朋友、陌生人和政府等机构的信任。社会的广泛信任促进了生活满意度的提升”。

相信别人的人更幸福，信任让生活更便捷。这种很高的信任度也普遍存在于丹麦的办公环境中，小额的资金交易不需要签署合约，达成一致的事情大家都会遵守，你也需要实践自己说过的话。在丹麦，除了在特定情况下，你的上司们一般不会在细节上处处盯着你，而是选择相信你能在约定时间内完成工作，当然，你在家工作也是工作。

你直接叫公司首席执行官的名字，就像你对任何人的称呼一样，你们在一张桌子上吃午饭，谈论着各自的工作和生活。你把你的成功建立在相互支持和团队合作上，而非成为最耀眼的员工上。

这种职场上的合作、平等和信任精神能在丹麦出现并非偶然。在丹麦学校里，社会技能、合作和推己及人是课程的一部分，并鼓励着所有丹麦人在成年后继续保持这样的精神。

对他人表现出高度信任的受访者比例

丹麦：89%	经合组织平均值：59%
挪威：88%	法国：56%
芬兰：86%	爱尔兰：56%
瑞典：84%	捷克：56%
荷兰：80%	斯洛文尼亚：53%
瑞士：74%	美国：49%
爱沙尼亚：72%	波兰：47%
以色列：71%	斯洛伐克：47%
新西兰：69%	匈牙利：47%
英国：69%	韩国：46%
比利时：69%	希腊：40%
澳大利亚：64%	葡萄牙：38%
西班牙：62%	墨西哥：26%
奥地利：62%	土耳其：24%
德国：61%	智利：13%
日本：61%	

来源：经合组织：《社会一瞥——社会指标》，2011年。

幸福小窍门：鼓励同事间相互褒奖，以增强信任感

那些帮助发掘同事们的闪光点，或跟大家分享自己成就的员工被我们称作“本周之星”。

评选“本周之星”并不是什么新的创造，规则却有些不同，因为鲜花和掌声更应该授予那些褒奖他人，帮助他人进步的员工，而不是那些只是工作最出色的人。如果约恩在工作上表现出色，然后西格莉德把约恩出色完成工作的事情告诉了上司，那么，西格莉德将是获得鲜花的那个人。

数年前，哥本哈根最大医院的神经科重症病房实行了这个方法，这个科室饱受员工病休时间长的困扰。此前，这里的工作环境充满了不信任，大家对工作的满意度很低，人员的流动率高。所以，这个部门开始着手进行变革，从颁给“本周之星”一束鲜花开始，这是用夸奖来提高员工积极性的方法之一。这个策略将员工的病假总量减少了将近75%。

丢钱包实验

“总体来说，你认为别人值得相信吗？在跟他人打交道时，你会采取最戒备的态度吗？”

这是衡量信任感的最标准问题，多年来被许多国家进行的数项调查所采用。你会怎么回答？你相信别人吗？在街上丢了装着现金的钱包，你相信别人会归还吗？有时候，我们不会给予他人应有的信任。

加拿大总体社会调查得出的结论显示，在多伦多，低于25%的受访者相信自己丢失的钱包会被陌生人还回来，且里面的现金未动分文。但是，当实验人员在多伦多数个地点“丢下”20个钱包来测算具体的比例时，有80%被送了回来。

1996年，《读者文摘》（欧洲版）杂志首次进行了丢钱包实验，来衡量社会中人与人间的信任度。这些钱包里面装着现金，写有姓名和地址的纸条，被扔在了大街上，遍布14个欧洲国家的20座城市和10多座美国城市。在两个国家，这些钱包都完璧归赵，钱也分文未少，分别是挪威和丹麦。

2013年《读者文摘》又进行了该项试验，这一次，实验人员在16座城市各丢下了12个钱包，其中有所有者姓名和手机号码等信息，以及家庭照片、优惠券、名片和50美元的等值当地货币。你觉得这次有多少钱包被送了回来？

如果你猜16座城市中将近一半的钱包完璧归赵的话，那就对了。总共192个钱包被放置在各处作为实验样本，最终90个完璧归赵。

被归还的钱包数量（共12个）

在里约热内卢，73岁的黛尔玛归还了钱包。她少年时期，曾顺手牵羊拿了一本杂志回家，随后被妈妈发现了，她妈妈说这样的行为是不可接受的，这个教训一直陪伴她到今天。在伦敦，5个钱包的其中一个是厄休拉还回来的，她是一名30多岁的波兰移民。“在发现了钱包中的这些钱后，你肯定不会认为这是富人丢的。这可能属于一位母亲，她需要这仅有的一点钱来养家糊口。”她说。在卢布尔雅那，21岁的学生曼卡将装着钱的钱包交了回来。“有一次，我把整个包都丢了，”她对研究者说，“但是有人将所有东西都还了回来，所以我知道这种感受。”

厄休拉和曼卡感同身受，她们都站在了丢钱包的人的角度考虑了问题。对我来说，感同身受、合作和信任之间存在着一定的联系。如果我们设身处地为别人着想，那我们会更倾向于合作而非对抗，当我们相互之间合作时，我们也就更倾向于信任对方。

这也是为什么，当我们选择推己及人而非自私自利时，这种共鸣会升华成信任感，使我们理解合作的价值进而摒弃对立，这样我们都会活得更自由。在一个人们相互为对方着想、合作并信任的社会，大家都会活得很轻松，且更幸福。

要达成这一步，我们需要从让自己变得更可靠、信守承诺，并为别人保守秘密开始，对不在场的人显出你的忠心更能打动在场的人。拥有值得信赖的品格是一种有价值的财富，不仅在个人生活中受用，对那些你在乎的人更是珍宝。

可能马克·吐温总结得最好：

> “如果都说了实话，也就不用费心记任何事情了。”

这对我们的生活往更简单、轻松和幸福的方向发展大有帮助。设身处地为他人着想的品质还可以在长远经济状况的改善上帮到我们。一份刊登在2015年某期《美国公共健康杂志》上，题为《早期社会情感功能和公共健康——幼儿园时期社会能力同未来幸福之间的关系》的报告，对数百位孩子进行了跟踪观察，从他们的幼儿园时代一直持续到了20年后。研究人员发现在孩子们幼儿园时期表现出的社会和情感技巧，同成人后在教育、就业、药品滥用、精神健康和犯罪等方面的状况有明显的数据关联。

HONESTY：诚实

培养幸福

“数学和丹麦语很重要，同样重要的还有孩子们的社会技巧，是的，就是他们的幸福。”

露易丝是一名教师，像大部分丹麦教育工作者一样，她不但关心学生们的学习成绩，还关心他们的整体幸福感，以及社会和情感技巧的发展。

一直到不久前，最受孩子们欢迎的课程都还是“全班时间”（klassens time），这门课每周一节，其间老师和学生们谈论着不同的话题。学生们轮流带蛋糕或点心，可以在课上跟同学们分享。课上讨论的话题包括：过去一周是否有霸凌现象？我们省下了充足的经费，应该给班里置办什么桌游？有人觉得被孤立了吗？在我看来，丹麦最近出台的政策的败笔之一便是更改了课时安排的学校教育改革。把本该属于“全班时间”的每周固定课时，分拆并融合到了其他课程中，官方给出的解释是该课程“废止”。

但丹麦的教育体系仍然把培养学生将心比心的品格放在优先位置，孩子们通常以组为单位完成作业，这也是未来职业发展必须要掌握的技巧，同时他们还掌握了社会技巧，认识了合作的价值。

“我们注重每一个孩子连贯的发展，不管是知识的掌握，还是社会技巧的掌握，或是情感层次需求的满足。数学和自然科学固然重要，但是设身处地为他人着想的品质，知道怎么当一个好伙伴和学会如何同他人合作的能力也需要重点培养。”露易丝解释说。

“给孩子们看不同的图片，图片的内容是不同的面部表情，然后我们讨论人们流露出的不同情感，以及他们为什么会有这样的感觉。当我们在讲故事时，这个分析也非常有用。我发现好的故事能让孩子们在脑海中勾勒出人物的音容笑貌，好的阅读书目能使学生们更感同身受。”

路易斯的观点得到了纽约社会研究新学院的支持。涉及了1000名参与者的实验结果表明，阅读文学小说能提高我们探测和理解他人情感的能力。但并不是任何一类小说都有这功效。

研究者们在作者引导读者揭示故事关系的“流行小说”和读者必须自我引导并填补情节空白的“文学小说”之间做出了区分。你需要自己搞懂为什么每一个角色是这样的，而非被告知角色就是如此设定的，书中的故事也因此超出模仿社会经验的范畴，成为真实的社会经验。

我们也找到了支持“教授推己及人会减少校园霸凌的发生”这一说法的证据。2015年，一项调查询问了一些11岁至15岁的男生在过去一个月中是否遭受过霸凌，6%的丹麦受访者表示有过；在英国，这一比例要高五成，即9%；在美国，这一比例为11%，几乎是丹麦的两倍。奥地利报告的遭受霸凌的学生比例是最高的，21%；瑞典最少，4%。调查的结果来自经合国家组织报告《社会发展所需技巧——社会和情感技巧的力量》。

幸运的是，丹麦并不是唯一教授学生推己及人品格的国家。最近，有报道说，一群美国的六年级学生正在学习总统竞选后如何填平不同政治观点的沟壑。在位于旧金山市中心的一所独立的进步教育机构“千禧学校”中，当老师在2016年11月9日那天给学生们播放特朗普支持者的采访视频时，学生们大声地表示了自己的不认同，这种观点夹杂了悲痛和不信任的感受。但老师们再次以静音的模式播放这段视频时，学生们在支持者的脸上观察到了恐惧、愤怒和悲伤的情绪，从而表示了对这些人的理解，这也为探究这些投票者做出这样决定的原因提供了新的开端。

虽然丹麦教育体系离完美还差得很远，但我认为有很多值得借鉴的地方。强调设身处地为他人着想品格的培养和相互合作能力的教育的确重要，同样重要的还有让学生们理解成功地获得并不一定是零和博弈，你赢了并不代表我输了。

那些给学生们排名的教育体系无异于告诉他们成功就是“零和博弈”，如果你发达了，必将会夺取他人的机会，但幸福的获得不应该是这样的。

事实上，在你与他人分享幸福的喜悦之后，它不会变少。在丹麦，学生们没有排名，在八年级之前也不会收到正式的成绩报告。取而代之的是，老师和每位学生的家长每年都会进行一次谈话，就学生在学业、社交能力和情感上的发展交换意见。

尽管丹麦的教育体系重视生活技能、计算和阅读能力的全面培养，这并不代表孩子们在学业能力上表现欠佳。最新的2015年“国际学生评估项目调查”评测了世界上70多个国家的学生的学术表现：丹麦学生在数学项获得511分，英国492分，美国470分；阅读项，丹麦500分，英国498分，美国497分。

教会我们的孩子团队合作、社会技能、合作、设身处地为他人着想和成为值得信赖的人不等于要牺牲学业。同时，我们也需要让雇主们知道，建立信任感对公司的发展有利而无害。

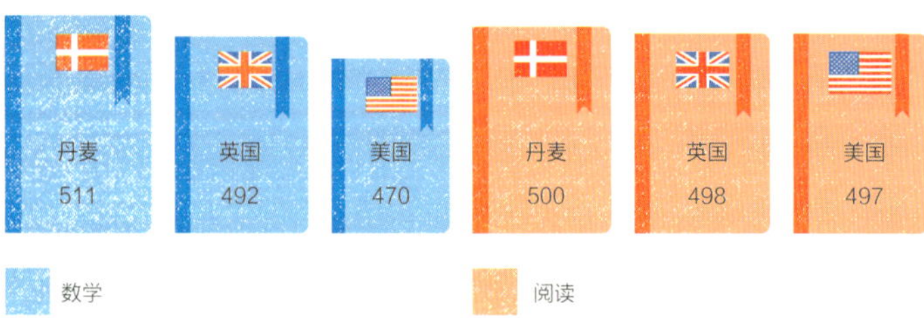

来源：2015年“国际学生评估项目调查”。

信任不昂贵

对于在无信任感的集体工作的人来说，工作通常会同“控制”“监控”“检查”“官僚作风”等词联系在一起，还有规章制度的条条框框约束着。

“当我们踏入大门的时候，我们需要在手持设备上登录打卡，出来时流程一样。通过这样的方式，我们巡视病房的时间就会被准确地记录下来。”在公立养老护理机构工作的皮亚回忆道，并解释了流程上的优化为她的工作带来多大转变，这个优化制度已经在哥本哈根全市实行了。

之前，她在病区探访老年患者的工作需要严格遵守流程，整个流程被划分为不同任务，完成每个任务要达到特定的时间量。滴眼药水需要5分钟，帮助如厕10分钟，辅助起身喂饭10分钟。一共有70个大大小小不同的任务，所需的时间也被计时。

“你总是在跟一部手持电脑工作，关注的点也总在完成每个任务你具体用了多长时间。”

2011年，哥本哈根市政府开展了一项试验，旨在评测能否以信任为准绳来完成工作，并同人们习惯称为“计时器暴政”的评判方式做对比。工时应该花费在帮助需要照料的人身上，而不是突出你在特定时间内完成了多少项任务。在没有被告知需要做什么，每项工作需要多长时间的前提下，员工们需要同服务对象一起弄清楚该做什么。

“我们不应该控制员工，他们是一群护理者，他们有经验自行评估在病房的巡视中该完成哪些事情。”尼娜·汤姆森市长说。

试验获得了巨大成功，既没有造成运营费用的增长，还提升了员工的满意度。现在这项制度不仅在全大区的护理机构铺开，也推动了哥本哈根公共部门内增强对员工信任度的改革。这座城市逐渐从规章制度、官僚作风和要求层层向上报告的藩篱中脱离，转向探寻“对市民来说什么是最好的？”及“怎样能让每一位员工带来最大的价值？”等问题的答案。管理者和员工的评定由民众的反馈来决定，而非通过走流程、层层监控和向上报告等繁冗程序。

“现在，我们完全可以自己评估老年人的实际需求。”皮亚说，她现在对自己的工作满意多了。其他同事也有着一样的感受，不仅满意度有了很大提升，休病假的总天数也减少了。“之前，让你干什么你就干什么，完成后你就迫不及待地冲出大门；而现在，你会更关注如何更好地服务客户，尽量满足他们的更多需要。工作有了更大的自由度。”

幸福小窍门：把对抗转化成合作

通过重新制定规则和目标，把对抗时的厮杀变成合作中的握手。

为了让我们的孩子知道合作的价值和乐趣，而不是一味追求竞争，我们或许可以对一些经典游戏进行微调。我们都知道抢椅子游戏，规则是：十个孩子，摆上九把椅子，音乐一停，就要抢到椅子坐下，没有坐下的出局；每一轮都会拿走一把椅子，直到最后剩下两个人抢一把椅子。这应该是为那些很喜欢坐着的人设计的简单版饥饿游戏。

这个游戏教会了孩子如何争夺稀缺资源，如果你是最先出局的，那你就要站在一旁看着，一直到最后，有意思吧！现在，我们把这个游戏稍作改动，主题变成合作，一开始还是十个孩子九把椅子的配置，当音乐一停，所有的孩子都坐下了，其中两个共享一把椅子。很棒！现在我们拿走一把椅子，孩子们的数量不变，音乐再次停止时，有两把椅子上要坐两个孩子，以此类推。到最后一轮时，所有的十个孩子都要试图在一把椅子上坐定。我们通过这样的方式教他们如何合作，而非如何对抗。

鼓励孩子学会感同身受的五种方法

1. **散步并讲述：** 出去散步，在路上随便找一个穿着灰色夹克的路人，或任何一个人。当你选定那个人后，接下来散步的时间就要以他的外表为参照，说出你想象中他生活的样子。

2. **涂画：** 在白纸中间画出代表喜悦、愤怒、忧伤或其他感情的面部表情，然后画出导致这些面部表情形成的原因有哪些。

3. **游戏：** “每周一表情”，选一种情绪，在便利贴上画下来或写出来，然后贴在冰箱上。在一周的时间内，当你的孩子亲身经历或看到别人出现这样的表情时，让他随时指出来。

4. **仪态：** 站在镜子前面，把手臂背在身后讲述一段话，然后再配上相应的肢体语言讲述一次。这个小练习也可以两个人一起完成，当一个人表达的时候，另一个人搭配肢体语言。

5. **消音：** 播放孩子最喜欢的电影或动画片，并调成静音。谈论在影片中看到的面部表情，分别代表着什么，片中角色为什么有这种表情。

军备竞赛——美貌和智慧

“您今天来需要整哪里吗？”一位非常漂亮的前台姑娘问我。

为了全面理解信任和合作的重要性，我们需要实地访问一个竞争激烈程度在世界上名列前茅的国家。

我在“世界整容之都”首尔的江南区，这里被称作是“改头换面之地”或“美容产业带”，500家诊所聚集在这里，包括为人所熟知的“新帝瑞娜整形”、“丽本医疗”和“人类外貌中心”等。我现在所在的这家整形诊所有17层楼高，大门口停着一辆法拉利跑车，不用猜，是红色的。

“嗯……嗯，我的耳朵，”我支支吾吾地说，“我的一只耳朵看起来好像是被咬掉了一块一样，我想修复它。”

实际上不是这样的，我对我的耳朵还挺满意的，中学时，大家给我起外号叫“霍利菲尔德”，对于平时戴着眼镜，穿着呢子大衣，肘部还缝着垫布的乖乖男来说，这个称号让我前所未有地靠近坏小子这一形象。

我来这里的真正原因是想理解美貌军备竞赛的含义。

基于来自国际美容整形业协会的数据，我们可以大概估算出，占韩国总人口2%的人都对自己的脸或身体动过刀子，这也让韩国成为世界上人均整形手术量最大的国家，每千人中约有20例手术，美国为13。英国的数据未包含在内，但根据英国美容整形医师协会的数据，2015年全国进行了51 140例整形手术，即每千人0.8例。

但韩国的实际的手术数量要高得多，很多私人诊所的案例并没有被包括在内，有些报告还指出，约有两成的韩国女性在人生中至少做过一次整形，而在首尔30岁以下的女性中，高达一半有过整形的经历。

不管这数据是否精确，我们都会问这样的问题：为什么韩国的整形手术量这么大?

首先，在首尔做该类型手术的价格只是美国的三分之一，医疗整形游客在统计数据中占据一定量。诊所也提供整容旅行套餐，酒店住宿等花销也包含在内，这样免除了游客们做完手术后缠着绷带满大街晃悠的困扰。实际上，在我访问的整形诊所的接待处就堆满了行李箱。其次，双眼皮手术在这里非常流行，在眼睑上嵌入折痕能让眼睛瞬间变大，这个手术只需要15分钟的时间，韩国前总统卢武铉在2005年执政时就做过这个手术。这也引出了第三点原因，男性也做整形，占总体客人数量的15%至20%。

在首尔地铁，你可能会看到这样的整形广告词，“就剩你还没做！”由此，也能推理出第四点原因——竞争。

你一定还记得“如果一个兄弟买了地，另外一个会胃疼”这句韩国谚语。你的邻居先买了辆新车，然后你跟风也换了新的。现在这种竞争也蔓延到了其他方面：美貌和教育。

“韩国是一个竞争非常激烈的社会。”允浩对我说。

他和我之前见过很多次面，第一次是在哥本哈根我的办公室，那时候他在为写一本书做调查，主要内容是为什么丹麦的幸福指数这么高，韩国应该从中借鉴什么；这一次我们在首尔市中心碰面，整片区域都被要求涉贪总统朴槿惠下台的示威者占据，随后，这位总统被弹劾并辞去公职。

“我们需要给挣扎在竞争中的韩国学生喘息和休息的机会，这也是我在这开办丹麦课外学校的原因。”

韩国学生是我见过的最刻苦的。跟我聊天的那些学生每天早上8点准时到学校上课，一直到下午4点，然后回家吃晚饭。随后晚上6点到9点，他们需要去课外补习班、私教或者是针对考前辅导的营利性机构。四分之三的学生都参加课外补习，考前辅导和私教也成为利润丰厚的生意，这加速了学业军备竞赛。学生和家长们希望能考取韩国最著名的三所大学——首尔国立大学、高丽大学和延世大学（俗称SKY，来自三所学校的首字母），以获得在大公司就职的敲门砖。

大学入学考试是件大事，每年举行时，所有事情都要依此来安排。韩国的股市延迟一小时开盘，上班时间也被调整，来减少早高峰拥堵可能会导致考生迟到的风险。韩国国家统计局的数据显示，在15至19岁有自杀倾向的韩国青少年中，约有一半将原因归咎为“学业和高考的压力”。2008年，高考的竞争非常激烈，以至于政府对考前辅导班和私教班执行了宵禁，要求这些机构必须在晚上10点前下课。政府为那些举报不遵守宵禁的辅导班的人发放奖金，巡逻队会突袭偷偷摸摸加课时的机构，进行打击。“请大家保持冷静，这是警察突袭，请大家放下手中的书和习题。”

允浩让学生们休息的观点很正确，我无可辩驳，这也是为什么他从丹麦带回韩国的第一个理念就是课外学校。

他努力为学生们创造这样一个环境：让他们处于一个小社会中，接受对自己的人生负责的历练；使他们体会集体感所带来的幸福，把焦点从刻苦迎战考试上转移；教会他们合作而非对抗。

“这也是为什么我告诉学生们，如果事情没有按照计划发展，你也会在这条路上获得成功，因为你可以在大家互相陪伴下，在幸福的状态下学到很多。”

这种教育孩子的方法将注意力转移到了归属感、信任、感同身受和合作能力，即社会技巧的培养上。我们的目标不是打造有着尽可能高生产率的活机器人，而是塑造理解和帮助他人的人。

虎妈还是象妈？

不是所有人都同意丹麦的教育体系和孩子的培养方式。2011年，《虎妈战歌》这本书的出版貌似成了反对丹麦教育体制的宣言。

这本书主张通过高压的方式让孩子在学业上取得卓越成就，严控和禁止一切课外、社会活动，比如说禁止在朋友家里过夜，意味着取消了所有玩耍的机会，以及惩罚和羞辱没有达到父母高预期的孩子。

2013年，得克萨斯大学人类发展和家庭科学副教授金素英对虎妈的影响做了研究。金教授发现，同那些认为父母“支持自己”或“随和”的孩子相比，虎妈教育下的孩子会取得更坏的成绩，更加沮丧，并感觉同父母的关系更疏远。

几年后，这本书的作者，虎妈本人蔡美儿和她的丈夫在接受《卫报》采访时，被问到为什么美国有些族裔在学习成绩上名列前茅。她解释道，他们的方法来自观察美国人口统计数据中收入这一项，并指出：“这是非常物质的成功，我们没说必须用这样的办法，你知道这么教育孩子并不快乐，更不幸福。”她丈夫也表示，对孩子提出如此高的要求，他自己也担忧。

“我知道我更不快乐了，”他说，“因为我总是感觉无论我做什么都不够好。这跟我做什么没关系，感觉心里很受伤，我担心我已经把这个观点传给了我的孩子们。”

没有完美的教育孩子的方法，就像没有完美的父母和孩子一样，我们都在尽力。我们来看一下象妈和象爸的优势，他们培养和鼓励自己的孩子，并相信孩子如果知道自己被爱和被呵护，跟成绩高低无关，那么这种爱会给他们力量来发现并追寻幸福之路。

能被象妈象爸抚养长大，我感觉自己很幸运。如果不是他们鼓励我做让自己开心的事情，让我知道无论我怎样他们都爱我，我相信我是不会有勇气开启这样一段征程的，这段路可能会失败，但也带来了幸福感和冒险的机会。

在一次探险中，我结识了一位小提琴表演家，她就是由一个虎妈带大的。三年级时，在一堂音乐课上，我被命令到墙角罚站，因为替班老师觉得我故意在唱歌时出怪声，事实上我没有，我只是没有乐感而已。没有乐感是与生俱来的，就算虎妈也改变不了。我跟这位小提琴表演家同时在伦敦的一场活动上演讲，然后聊了起来，进而谈到了各自的成长方式是多么不同。她告诉我“当我还是个孩子时，我妈妈问我长大后我想成为什么，我说，我想变得快乐”。“别傻了，这不是真正的目标。”她妈妈回答道。那一天，她演奏了小提琴，是我听过的音乐技巧的最精彩呈现。

我相信她妈妈一定很幸福，我希望她也是。

社会层级的因素

在那些经济越平等的国家，认同“大多数人都能被信任”这一观点的人比例就越高。

这一规律同时适用于美国不同的州，一个州经济上越平等，那里的居民就越相信对方。如果我们相信对方，那么我们就会觉得安全，担心的事情也会更少，这种情况下，我们更倾向于把别人当成合作者，而非对抗者。

信任程度不是一成不变的，英国和美国等国家一直在减弱。半个世纪以来，美国的财富增长迅速，但社会不平等凸显，导致人们之间的信任感像自由落体一样下跌。

不平等产生不信任、对抗、仇恨和愤怒。全球范围内，社会群体之间的不平等都处于上升的趋势，我们曾经能体验到“电梯效应”，穷人和富人的经历相同，起起落落；现在穷人们被远远甩在了后面。随着社会财富的分配越来越不平等，越来越多的人感觉被抛弃、害怕和愤怒。

关于不平等所导致的社会病态，诺丁汉大学社会流行病学教授理查德·威尔金森，以及约克大学健康科学学院流行病学教授凯特·皮克特在《精神水平：为什么平等造就更强大的社会》一书中总结得很到位，高企的不平等削弱了人们感同身受的能力，夺去了人们之间的信任感，并对我们的生理和心理健康造成不良影响，进而导致更多的暴力事件，更高的犯罪率、肥胖率和青少年生育率。

但我认为，能够揭示这个问题的最有趣的研究之一是2015年由凯瑟琳·德赛勒思和麦克·诺顿进行的针对“空怒症”案例的研究。

空怒症指的是乘坐飞机让乘客产生生理和心理压力，从而导致出现不守规矩和暴力行为的症状。具体包括对空服人员使用威胁态度，脱了裤子穿着平角内裤坐飞机等，一个人甚至掐前排乘客的脖子让他窒息，就因为前排的人把座椅靠背放了下来。

这两位分别来自哈佛商学院和多伦多大学的教授不仅研究了诸如空怒症是否同座椅的大小和航班延误有关，还试图发现该症状与社会中微观的社会层级差异，即社会不平等的关系。

他们发现飞机上头等舱的存在导致了空间分配的不平等，而这会引起经济舱乘客的空怒症更频繁发作。在一架配置头等舱的航班上，经济舱旅客把前排乘客掐窒息的可能性要高4倍。研究者表示，事实上，有头等舱的航班造成空怒症的概率与航班延误九个半小时是相当的，甚至比后者更高。

但表现很差劲的乘客不只是来自经济舱，当来自较高社会阶层的人对身份越在意，他们就越有可能出现反社会的行为，变得更缺少同情心，觉得自己有更多的权利。

此外，我觉得这一点很妙，那就是研究发现，那些登机时需要穿过头等舱的经济舱乘客空怒症更容易发作。

总体来说，你可以从飞机的前部、中部或后部登机，但只有从前面登机能让你看到头等舱乘客能享受到什么礼遇。看到免费的香槟，可以完全放平的座椅后背，以及头等舱乘客脸上自鸣得意的笑容，使经济舱乘客把手放在别人脖子上的可能性增加两倍。

包括座椅大小在内的其他因素则无关紧要。这项研究论证表明，不仅要考虑突破飞机、办公室和体育场的设计来理解和抵御反社会行为的出现，还要重新设计我们的社会来解决不平等问题。

在很多方面，英国是实践提升民生福祉的先驱。举个例子，每年，年度人口调查都会询问16万人4个关于民生和福祉的问题，比如“总体来讲，你昨天多幸福？”“总体来讲，你对现在的生活多满意？”“总体来讲，你昨天感觉多焦虑？”“总体来讲，在多大程度上你认为自己人生中所做的事情有价值？”这些问题给了我这种书呆子很好的机会去理解，是什么原因让一些人投票支持“脱欧”，又是为什么一些人在“脱欧”公投中支持英国留在欧盟内。

根据新经济基金会的研究，幸福的不平等程度是不同地区是否支持“脱欧”的预测指标。幸福指数的最大差异存在于威尔士峡谷的布莱耐格温特地区，在那里，大部分的人都支持英国离开欧盟；而在有最小差距的地区，包括东柴郡和福尔柯克两地区，这里的大多数投票者都支持“留欧”。总体来说，在全英国20个幸福感差异最大的地区，57%的投票者选择“脱欧”；而在差距最小的20个地区，赞同“脱欧”的为43%。

在“脱欧”公投举行的3个月前，幸福研究所指出，幸福感不平等对整体民生幸福的负面影响比收入不平等要强烈得多；同时新经济基金会也表示，收入不平等跟投票支持“脱欧”没有任何联系，幸福感的不平等才是决定性因素。这也支持了如下的说法，即我们对自己生活的主观感觉和我们将此同他人进行对比的做法，对评价自己是否不满意和被遗忘起到了更好的指示作用。当我们面对不平等时，我们感到愤怒，其他人也一样，因为我们总是会对不平等和不公正做出相应反应。

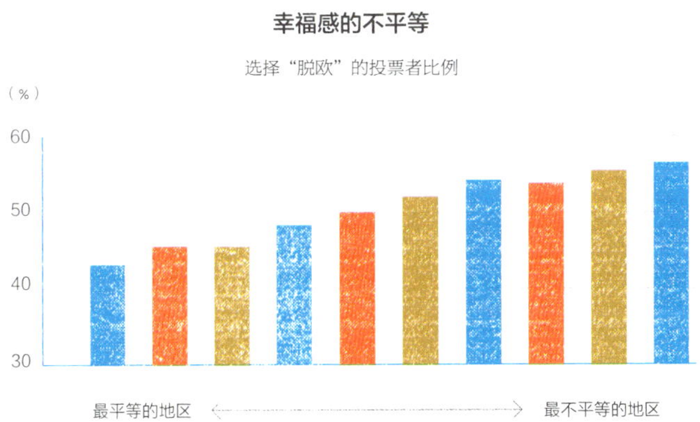

让它们吃葡萄

如果我必须要放下现在的工作去做其他事情糊口，那我一定会选弗兰斯·德·瓦尔的职业。他是灵长类动物学家，还研究猴子的社会行为。

在他的著作《黑猩猩政治》中，他称政治的根源比人类还要悠久。虽然在这几年，作为人类的政客们好像更可能朝对方扔大便。但书中还称，我们会在生理上更强烈地对不公平做出反应。

德·瓦尔研究了卷尾猴对不平等做出的反应，让两只猴子成为一组，并让它们完成相同任务“向人扔石头”。第一只猴子得到了一片黄瓜，作为扔石头的奖励，它很开心，于是会朝研究者扔更多的石头来换取更多的黄瓜，直到它发现第二只猴子的奖励是它更喜欢的食物——一颗葡萄。

第一只猴子再次尝试扔石头，这次是扔在了墙上后又给了研究者，它又得到了一片黄瓜作为奖励，然后它就发怒了，猛摇笼子，使劲捶地板，把黄瓜丢给了研究者。

一次我对我的哥哥提起，我们可以照搬德·瓦尔的研究，给我最小的侄子两块巧克力饼干，然后给他哥哥一块。自打那时起，因为某些原因，我再也没有被要求来看孩子。

短期之内我们可以采取培养感同身受能力和教育孩子合作比对抗更重要的方式，但为了使长期的信任度变得更牢靠，让我们变得更幸福，我们必须要处理这个问题。因为我们的幸福不仅取决于家人，还取决于邻居家的孩子。这是对照顾自己兄弟姐妹这一高尚道义的尊重，因为他们是我们的家人。社会好坏的判断标准不是第一名获得的成功，而是我们将跌倒者扶起来的能力。

幸福小窍门：对感同身受进行力量训练

阅读文学小说，走出你平时的社交圈，去理解其他人的行为。

站在别人的角度去看待问题，挑几本文学小说来读读。哈珀·李的《杀死一只知更鸟》、弗·司各特·菲茨杰拉德的《了不起的盖茨比》和约翰·斯坦贝克的《愤怒的葡萄》都是优秀的作品。走出自己平时的社交圈，融入其他圈子中。去那些跟自己主见相反的地方走走。听听别人的故事，如果你过他们的生活，你会发现自己可能会做出同样的选择。我们之间本来就没那么不同，一切的不同都来自不同的起点。不倾听那些跟我们想法不一样的人，把他们视为无知、邪恶或敌对只会让我们痛苦。如果仔细倾听，我们会发现自己真正的敌人是不平等、不公平和不公正；只有感同身受、信任和合作才是正道。

JANE AUSTEN
Sense and Sensibility
FOLIO SOCIETY
F. SCOTT FITZGERALD
THE GREAT GATSBY
FOLIO SOCIETY
DOUGLAS ADAMS
THE HITCHHIKER'S GUIDE TO THE GALAXY
FOLIO
THE WIND IN THE WILLOWS
NNETH
AHAME
F.S.
TRUMAN CAPOTE
BREAKFAST AT TIFFANY'S
ARADISE LOST
JOHN MILTON
007
CASINO ROYALE
IAN FLEMING
EVELYN WAUGH
VILE BODIES
FOLIO
KEN KESEY
ONE FLEW OVER THE CUCKOO'S NEST
HANS ANDERSEN'S FAIRY·TALES
WITH ILLUSTRATIONS·BY W·HEATH ROBINSON

信任

丢钱包实验

芬兰，赫尔辛基：研究者把钱包故意丢在不同城市。每一个钱包里都有所有者姓名和手机号码等信息，以及家庭照片、优惠券、名片和50美元的等值当地货币。在赫尔辛基，约92%的钱包被还了回来，且里面的钱未动分文。案例在第198至199页。

对等经验分享

以色列和巴勒斯坦：父母全家庭论坛是由在冲突中失去至亲的巴勒斯坦和以色列家庭组成的基层团体。这项名为“对等经验分享”的活动，旨在帮助冲突中的每一方了解对方国家和个人的故事。成员们定期见面，来促进社群间相互理解和尊重。

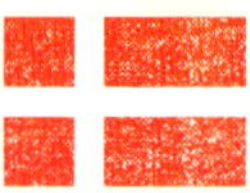

通过真人扮演学习合作和感同身受

丹麦，于斯特克：于斯特克的课外学校使用真人扮演的方式来教育孩子，比如，他们有可能在古罗马或在华尔街待一周。老师们发现，患有阿斯伯格综合征[1]的孩子能通过在游戏中的角色扮演，学到社会技巧和如何处理社交状况。

① 一种泛自闭症障碍，其主要特点是社交困难。——编者注

从监狱管理员到人生导师

新加坡：新加坡监狱管理局把管辖下的监狱变成人生学校，注重教授合作和改造。以特定居住场所为单位，监狱管理员被分配安排管理犯人的所有事务，并作为他们的导师和咨询师；犯人们还被赋予做决定的权利，这些措施目的都在于帮助他们改邪归正，成为更好的人。无论从哪个方面来考量，得到的结果都给人留下了非常深刻的印象，工作人员士气和工作安全水准得到提高，犯人和社会之间也架起了很好的沟通桥梁，犯人出狱后10年内的再犯率从44%降到27%。

贫民窟绘画行动

巴西，里约热内卢：在里约热内卢的贫民窟，艺术家们发起了一场小型但引人注目的改革，他们的武器是画笔刷和彩色颜料。在公开、协作和包容的创作过程中，他们把贫民窟的房子外墙粉刷成彩虹的颜色，很多当地年轻人也加入这个项目，创作自己的画作。现在，这里已经变成游客和当地人都爱游览的地方，这里明亮、充满色彩，当地人都为之骄傲。这些建筑也远远超出房子的定义，变成了一个个家。住在里面的人现在非常自豪地把这里称作家，同时也很自豪地展示着他们对这个世界的贡献。

第八章

与人为善

与人为善

我在旅途中遇到了一个使我备受鼓舞的人，我叫他克拉克。这不是他的真名，真实身份保密，他是你所能遇到的最像超人的人。

在飞机上，克拉克坐在蒂姆旁边，帮助他克服飞行恐惧症；带安东尼找到伦敦地铁的残疾人设施；把丢失的记忆卡归还给主人；还帮一个走失的孩子找到父亲。这些受到他帮助的人完全都是陌生人。

克拉克的超能力就是向周围的人释放善意。他也被称作“助人为乐好帮手”。

THE FREE HELP GUY

“我们都梦想在长大之后能改变世界，但20多岁时，我发现自己每天跟数千人挤在一起通勤，坐地铁去牛津圆环站上班。工作不错，我却没能力改变世界，”他说，“我已经到了觉得自己做的事情毫无意义的临界点，就这么通勤、上班并挣扎着，似乎迷失了自己。一眼能看到自己5年后的样子，还会做一样的工作，这种感觉是不正常的。所以我就裸辞了。”

克拉克决定在未来6个月之内不工作。他仍然想获得收入，但这种收入是通过做有意义的事情得到的价值，而不是钞票。

他辞职后看了整整一周的《绝命毒师》，然后他决定在网上发布一个帖子。“如果你需要帮助，我会伸出援手，免费的。尤其是你需要的是欢乐，因为大家都有权享受不同形式的快乐。我是你们的‘助人为乐好帮手’。”

当天他就收到了回复。

“我决定要帮助别人，但是我想全身心地投入，亲力亲为，想要从中获得精神上的自由。”

第一条寻求帮助的信息来自吉尔和理查德，一对住在英格兰南部海岸普利茅斯的夫妇。一年前，他们把一名无家可归的人接回家，让他在家里暂住。“这名男子现在找到了工作，搬出去另租房子了，”他们写道，“你能帮我们找到其他需要帮助的人吗？”

然后是文斯，一名信息技术经理，他想成为一个催眠师，还想养一只豚鼠；再然后是苏菲，请求帮忙给她的孩子起名字。克拉克建议孩子叫宙斯，这对夫妻最后选了别的名字。

住在美国的吉尔也写信来，她想帮丈夫伊恩找到失散多年的父亲，他们知道伊恩的父亲弗兰克住在英国。在得知弗兰克已经去世后，克拉克打电话通知了伊恩，虽然两个人互不相识。尽管这个故事没有以皆大欢喜的方式收尾，但至少伊恩知道了这个消息。

罹患白血病的年轻姑娘玛戈，需要找到合适的骨髓捐献者。克拉克组织了一个8个人的“帮助小分队”，在当地的水手俱乐部外发传单。玛戈最后找到了捐献者并配型成功，但这没能挽救她的生命，10个月后她就去世了。

帮助别人，倾听每个人的故事，见证希望、梦想和挣扎为这些人带来的喜和悲，并成为他们故事中的一部分。当我们了解一个人之后，就会开始在乎他，无论这个人获得胜利还是遇到挫败，我们都在这里。生活往往很复杂，建立值得信赖的关系也很难。帮助他人的结果也不一样，参与进来有时候意味着受伤害。

但助人为乐也会带来使命感。

当克拉克第一次见到艾登的时候，这个9岁的小男孩患有肌阵挛膈颤振症，俗称“肚皮舞综合征”。膈肌的不规律震颤引起全身痉挛，造成语言能力丧失并使癫痫发作。这个病非常罕见，艾登是全英国的唯一患者。克拉克不厌其烦地联系媒体，最终向公众募集了4000英镑，作为艾登前往科罗拉多的机票、住宿和前期治疗的花销。

当我在2015年见到克拉克时，他说艾登现在状况非常好。克拉克一直想用非金钱的方式来实现自己的价值，现在看来，他好像找到了一种可以轻松转化成幸福的新货币。

“人们经常认为伦敦生活成本很高，需要赚钱，但在我看来，你仍然可以找到帮助别人的时间。”但克拉克收到的最常见的请求是“有什么我能帮你的吗？”人们还是很愿意帮助他人的。

助人为乐同时也改变了克拉克的生活。“我从来没有像现在这样觉得自己没有白活，我的生活多姿多彩，给予就是幸福和快乐。从这个免费帮忙项目中获得最多帮助的人其实是我自己。”他说。他现在是一名自由职业的商业咨询师，他也打破了当初给自己设定的6个月期限，决定终生助人为乐，还希望这个“助人为乐好帮手”项目在他离世后也能继续运作。

幸福小窍门：学学爱美丽

通过善意的方式，找到为他人带去幸福的方法。

在电影《天使爱美丽》中，这个害羞的服务员在她住的公寓里无意找到了一只铁皮盒子，盒子属于几十年前住在这里的小男孩，里面装满了童年的回忆。爱美丽找到了所有者，现在已经是一位祖父了，并将盒子还给了他。她暗中承诺，如果这件事能让老人开心，她将终生致力于把快乐带给别人。电影中的这位老人感动到落泪，爱美丽也开始了新的任务。她促成了别人的感情，说服父亲追逐梦想去环球旅行，扶着视障人士去地铁站，并用语言栩栩如生地形容了路上经过的景象。我认为世界需要更多的爱美丽，当大家都成为善意的秘密超级英雄时，这个世界将会变得多美好啊！

表示善意的五个小举动，这周就能做：

1. 在别人家门前放一份礼物；
2. 记住前台工作人员或一位你每天都能见到的人的姓名，主动叫他的名字，向他问好；
3. 做两份午餐，把一份给别人；
4. 在派对上或办公室里，主动接近躲在角落里害羞的人，跟他交谈；
5. 给别人由衷的称赞，就在现在。

帮助别人的快感：做好事，感觉妙

在中国，有一句谚语是这么说的：

> “如果你想快乐一小时，打个盹吧。如果你想快乐一整天，去钓鱼吧。如果你想幸福一整年，继承一笔财富吧。如果你想要一辈子都幸福，那就去帮助别人吧。”

利他主义涉及他人的福利，这是为什么一些国家要比其他国家更幸福的决定性因素之一。在2012年《世界幸福报告》中，一个社会只有在成员之间表现出高度无私精神的情况下，才能被称为幸福。

利他主义不仅能提升社会的整体幸福感，个人感觉也会更好。试着回想你为陌生人做好事，你并不想从中得到什么好处，只是纯粹提供帮助，这让你感觉如何？

对我来说，这跟给陌生人一根香蕉一样简单。从超市回家的路上，在路口等红绿灯时，我旁边站着一位带着孩子的妈妈，孩子突然说："妈妈，我饿了。"

很快就有了解决方案，我从刚买的一把香蕉上摘下来一根，递给那位母亲，"给你的孩子吃一根香蕉吧？"我很少会见到一个人这么感动，因为这件小事，我们三个人都很高兴。在这里我们讨论的是情感幸福，也就是我们的情绪，我的部分快乐来自帮助别人的快感。

这种快感的出现基于理论，我们在做好事的同时，自我感觉也会很好，因为这种行为所带来的快感同少量摄入吗啡的感觉一样。我们的大脑中有伏隔核，也被称为"奖赏中心"，美味的食物和愉悦的性爱会将它激活。

一份来自美国卫生与公众服务部下属国立卫生研究院的神经学研究发现，当我们参与到慈善或捐助金钱的活动中时，我们大脑中那块受美食和愉悦调动的区域同样能被激活。换句话说，当我们在帮助其他人面对生存的困境时，自己感觉也很好。人与人之间的相互合作对物种的繁衍和生存有利，所以参与其中也使我们感觉良好。

幸福小窍门：庆祝世界有爱日

同朋友们聚在一起集思广益，看看如何庆祝这个节日。

还有什么比帮助别人更适合庆祝世界有爱日的方法吗？每年11月13日的世界有爱日于1998年由世界有爱运动发起，这是数个全国性的互助组织的集合。在英国，每年还有全国有爱日，2017年时在3月31日举行。

跟你的朋友们组建起一个“帮助小分队”，或“快闪帮助小分队”，目的是行善，你可以向那些需要帮助的人伸出援手。你可以装扮成超人的样子，在那天随机做些好事，你也可以给那些曾帮过你的人打电话或写卡片表示感谢。

贡献你的时间

助人为乐带来的快感不但能让自己心情变好，这种利他主义还对我们的整体幸福感和对人生的评价有积极影响。

参与志愿活动的人更快乐，即使是在排除了社会经济地位等控制因素之后。此外，这些人也表现出更少的抑郁和焦虑症状，享受更有意义的生活。得出这种结论的原因或许是越倾向参加志愿活动的人就越快乐；更重要的原因则是参加这些活动能让你亲眼见到那些没那么幸运的人的生活状态，进而使你感激现在所拥有的一切。志愿活动能为参与者带来间接的积极影响。

当我22岁的时候，我加入了红十字会，成为一名负责青少年顾问事务的志愿者。在基础培训课上，我们得知除了当顾问以外，还有很多不同的职位供选择，按照具体职责可分为两组：一组需要拜访不同的中学，并就青少年成长中遇到的问题、同理心和如何成为好的倾听者等话题做演讲；另外一组承担公共关系的职能，负责传播和沟通等事务。兴趣让我变得兴奋异常，我想加入第一组，但现场很多人都有跟我一样的想法，于是我将目光投向了公共关系组。我旁边的一个女孩靠在椅子上，小声说："让我猜猜，你想去不同学校做演讲，但又怕那个组已经满员了，所以退而求其次选了公关组，聪明。"弗雷德丽卡和我的友谊从那时起开始生根发芽，到现在已经15年了。

我讲这段故事是想说明两点。第一，参与志愿活动是结识新朋友的好方式；第二，永远都要跟那些能看穿你心思的人交朋友。数个研究结果也证实了我的经历，志愿活动能为你带来更多的社会关系和友谊，这些都影响了我们对幸福的感知，现在提出这个结论更有说服力。

这大概也是那么多丹麦人参加志愿活动的原因之一。在我写这本书时，来自丹麦志愿成就协会的数据表明，大约42%的丹麦人参与了各种各样的无报酬志愿活动，其中七成的人在过去5年中一直没间断过。这帮助丹麦全体国民维持着很高的幸福感。

当然，我们还需要解答这个问题：如果做善事能带来这么多好处，为什么我们不多做一些呢？如果帮助别人能带来快感，那些瘾君子一定是参加了过多的志愿活动，才不想去戒毒所的吧？

挪威社会研究院吉尔·洛加的报告指出，我们大多数人都把志愿活动当成为他人做好事的机会，而非为我们自己。换句话说，我们需要强调一下做好事和利他主义的实际行为所带来的好处——让我们结交更多的朋友和让我们对现在拥有的一切心存感激。你不一定要去报名参加慈善活动，做好事有很多形式，可以是举办足球赛时搭把手，也可以是在大街上对陌生人报以更多微笑。

案例研究

苏菲的故事

“回望过去，我可能是患上了抑郁症之类的精神疾病。”

因为金融危机，苏菲被裁掉了。“我之前一直是在全力全速工作。我爱这份工作，但我也会有很多点子，设想如果有自己的时间，我会去做什么。讽刺的是，当我真正失去工作时，我连起床都觉得很困难。”

随后几个月，她觉得失去了自我，迷失了一直以来坚持的方向。“之前，我的工作就是我的身份和自我认同，但工作没了。我的社交圈就是同事，这个也消失了，其实没消失，但氛围却变得很奇怪。我们以前在一起会讨论工作，现在我完全插不上话。”

她开始在社交上隔绝自己，尤其不想出门参加晚餐聚会，因为每个人都会聊起自己的事业，顺便提一下自己有多忙。“当你跟别人聊天，然后对方问了个很沮丧的问题：‘所以你是做什么工作的？’我甚至还养成了一种直觉，可以预知对方大概什么时候会问到这个问题，在那之前赶快脱身。”

“太累了。”后来她又经历了一段艰难时期，她称为“自我怀疑，三振出局”。

“我的自信受到了严重打击。被裁员是一方面，找工作时收到的一连串拒绝信让我质疑自己和自己的能力。我开始觉得这么多年来我一直在假模假式地工作，没学到任何东西，现在终于被发现了，算是完全出局了。”

几个月后，她仍然无业。一个星期天她姐姐打电话来。“我姐姐在做一些志愿工作，当时她准备了些糕点去参加义卖会，但孩子出现了必须要照料的紧急情况。”苏菲和姐姐家离得很近，姐姐让她去家里取那些糕点，然后代替她去参加义卖。

“她之前很多次让我参加义卖，我一直都不愿意，但那天下午，很长时间以来第一次，我感觉又找到了自我。我玩得很开心，感觉自己对别人有帮助。之前我的工作就是活动执行，这些事干起来得心应手。”

“我记得我是谁，我没有在假装什么。通过蛋糕义卖，我终于想明白了。”她笑着说。打那起，她和姐姐一起参加大大小小的志愿活动。“我觉得，志愿活动让我准备好了重返职场。这些活动没有商业和利润的需求，所以我完全可以按照自己的步骤来。”

现在，她已经重返活动执行行业工作，就是在那场蛋糕义卖会上，有人注意到了她出色的组织能力，但是苏菲仍然在私人时间做志愿工作。“我对自己有了充分的认同，而且还是双重的，我能有更多时间见到姐姐，还有蛋糕吃。”

幸福小窍门：参加志愿工作

找一些你可以做志愿者帮助别人的方法。增强社区的凝聚力并养成使命感。

不管你是偶尔参加一次还是每周的固定事项，参加志愿活动都非常有好处。你能亲手让你所在的社区更宜居，增加居民之间相互的信任，培养自己的技能，并扩展社交圈，认识新朋友。

志愿活动有很多形式，你可以将其与个人的目标和兴趣结合起来：

- 对政治感兴趣？为你有好感的本地选举者做一些志愿工作。
- 需要提高演讲技巧？找一个教职，然后分享你的专长。
- 对外国文化感兴趣？成为身边外国人的导师或语伴。
- 喜欢户外活动？环境组织需要你的帮助来保护自然平衡。
- 想要更多的运动？去带队当教练。
- 想要练习在观众面前演奏乐器？联系养老机构。

浏览志愿者招募网站。在英国，你可以访问do-it.org，在那里每个月会有上百万个志愿者职位空缺，让20万人找到了奉献时间和增强技巧的机会。

还不是很确定自己想参加？那先给自己来一次试验吧，跟朋友一起去参加志愿活动，或去一场有朋友参加的活动。

“臭脸”国

因为丹麦在各种幸福指数排行榜上常年高居前几位，你可能会期望丹麦人的脸上都会挂着幸福的微笑。

但实际情况并非如此。丹麦人是公认的摆臭脸一族，他们还会直勾勾地像僵尸一样盯着你。丹麦人是很幸福，但看上去却不那么善良友好。

丹麦人经常说，他们注意到当自己出国度假时，来自别的地方的人更爱笑。同时，来自伦敦的朋友告诉我，他们觉得丹麦人很爱笑。到底谁是对的？跟其他地方的人相比，丹麦人算不算爱笑呢？

为了能回答这个问题，我从3年前开始收集数据。在过去几年间，我会在大部分访问过的城市里面统计人们微笑的频率。在幸福研究所，我们现在有来自世界上20多座城市的3万多条数据。这不能算是严格意义上的工作，我更喜欢称它为昂贵的爱好。你如何测量微笑的频率呢？基本上，在访问别的城市时，我也会做一些大家旅行时喜欢做的事，找一处咖啡厅坐下来，点一杯咖啡，然后看着来来往往的人。

但我需要在观察对象上保持随机性，否则我的注意力绝对会被穿着大红裙子的女士和大声说话的人吸引走。所以我会对自己说：“从街角出来的第一个人，或者第一个踏上下水道井盖的人，就是我的观察对象。”

我会观察那个人5秒钟，前提是确保不被发现，因为这样会影响结果。之后，我会记下来他是否在笑，他的性别，再估算一下年龄，再草草写下来观察对象跟谁在一起，在做什么，是在喝咖啡，还是在讲电话，或者是在遛狗。

在我的观察中，有几千人都在做着自己的事情，几百人在讲电话，很多对情侣，甚至还看到了一个挖鼻孔的男人。

除了在收集到的数据中发现微笑具有传播性这一点以外，我还开始注意到了其他趋势。意大利情侣更倾向于牵着手，无论年龄；墨西哥人更喜欢边走边吃东西；而在巴黎和温哥华见到遛狗人的频率更高。

当然，最大的困难就是如何只观察本地人，有效地排除掉游客。那些脖子上挂着相机，手里拿着地图，一脸茫然的人很可能不是本地人。同时，你可以相当确定本地人的特点，比如，手里拿着超市里买来的食物，走过米兰主教堂，懒得抬头看一眼名胜古迹的妇女。

所以，丹麦人比世界上其他地方的人都爱笑吗？不，居住在米兰的人们也爱笑，而马拉加的本地人甚至比丹麦人还爱笑。可以确定的是，哥本哈根居民比住在纽约、马拉喀什和华沙的人笑得更多。平均来讲，12.7%的哥本哈根人在笑，这个比例在纽约还不到2%，马拉加的市民笑的比例最高，几乎是14%。

需要注意的一点是，这些数据也受制于特定情况，因为笑不笑，笑得多不多取决于你是否跟别人在一起。人们在自己独处的时候很少会笑，这是我访问那么多国家后所总结出来的共性。

走路时人们是独自一人，还是同别人一起，这与微笑的频率有很强的联系。在纽约、首尔和里加等城市，白天时人们往往会自己赶路，少于两成的人走路时有同伴陪着，所以，这三个国家行人微笑的比例几乎是世界上最低的。而处于结果另外一端的城市，比如马拉加和米兰，人们总是在走路时跟别人一起。

因此，得出的数据还取决于你在城市的什么地方进行的观察。在伦敦摄政公园，家人和朋友来这里散步的比例会更高，观察到微笑的频率也会比市中心的河岸街要高。

街上的人们经常微笑的比例

第一名
马拉加
13.9%

第二名
米兰
12.7%

第三名
吉隆坡
12.5%

哥本哈根：12.7%

马德里：9.5%

蒙特利尔：9.5%

瓜达拉哈拉：9.2%

斯德哥尔摩：9.2%

里斯本：7.7%

里加：7.1%

马拉喀什：6.8%

温哥华：6.8%

华沙：6.2%

巴黎：5.1%

赫尔辛基：4.7%

首尔：4.7%

阿姆斯特丹：4.4%

伦敦：4.3%

都柏林：4%

里尔：3.3%

纽约：1.4%

来源：幸福研究所。

文化因素也对结果起到了影响。在一些国家，微笑会很自然地被当成友好、善意和充满吸引力的举动；而在另外一些国家，笑则代表着心智的不成熟。

由波兰科学院心理学家库巴·克里斯带领的一队研究者，探寻了不同文化中对人们微笑的看法。研究者们让来自44种不同文化背景的4519名受调查者分别对微笑和不笑的人像照片进行打分，来评价照片中这些人的诚实和智慧程度。

左边红线左侧国家和地区的受访者认为不笑明显比微笑更有智慧；而右边红线右侧国家和地区的受访者持相反意见。

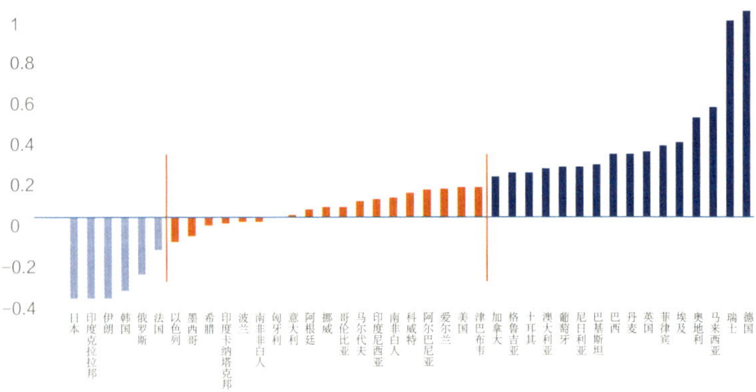

来源：库巴·克里斯，《在不同的地方微笑时要小心：文化对外界评价微笑者的智慧和诚实起到的塑造作用》，《非语言行为期刊》，2016年。

研究者发现在德国、瑞士和马来西亚等国，微笑的人往往被视为比不笑的人更加有智慧，而在日本、韩国和俄罗斯，人们认为微笑是缺少智慧的表现。事实上，有人曾告诉过我一句俄罗斯谚语，翻译过来大概意思是“没有由头的笑是愚蠢的表现”。

幸福小窍门：对陌生人微笑，并与他们聊天

散播微笑和友好的言辞，这些都是免费的。

寒暄几句，友好地聊一聊，给予夸赞，美国人深谙此道；而丹麦人非常不擅长同陌生人展开友好交谈。

我试着让自己更熟练地掌握这个技巧，但有时却失败了。两年前，我走进哥本哈根大学的一部电梯，里面站着一个跟我长得很像的人，就连打扮也是一模一样的——戴着一副眼镜，手里拿着褐色的皮革公文包，穿着一条蓝色的裤子，白色衬衫，外面是一件褐色的外套。跟我一样，他的头发也开始变白，我把这种颜色叫作“管理层发色”。总之，他简直就像是我的特技替身一样，就连衣服肘部的垫布也是一样的。

“你也是来这里研究双胞胎的吗？”我问。

“不。”

这应该是我所乘坐过耗时最久的电梯。

有时候你传递善意，但尴尬却被对方扔回来，正好砸在脸上。有时候你的尝试会成功，就在那短短的几秒钟里，世界都变得更美好了。这几秒也可能意味着让世界变美好这一漫长征途的开始。记住，千里之行，始于足下，大成就总有微不足道的开端。

善意：盲人也可以看到的语言

马克 · 吐温曾经写道，善意可以使盲人看到、聋哑人听到。罗伯特·莱文用亲身研究证实了这一说法。

在他6岁时的某一天，他看到一个男子躺在纽约熙熙攘攘的大街旁的人行道上。来来往往的行人不但选择忽略男子的存在，甚至还刻意跟他保持距离。

很多年后当他在缅甸旅行时，来到了仰光的一处拥挤的市场里。太阳毒辣，空气污浊到连呼吸都困难。这时，一个扛着巨大包袱的年轻男子突然在人群中倒下，人们快速地在他周围聚集起来，小贩们离开自己的摊位，给他递水，在他头下垫了毯子，并给他找来医生。

现在罗伯特是加利福尼亚州立大学的一名心理学教授，他正研究"什么事件使人们在意他人"，以及"为什么当涉及提供善意时，每座城市又是那么的不同"等课题。为了测试人们的善意，罗伯特在人来人往的大街上做了3个不同的实验。

这些实验设置了陌生人需要帮助的模拟场景。在丢笔实验中，一名路人假装掉了一支笔，自己没意识到。在受伤实验中，实验者的腿部绑着支架，一瘸一拐地走着，一本杂志从他手中掉在了地上，他挣扎着试图去够杂志。在盲人实验中，实验者假装自己是视觉障碍者，他靠近繁忙路口的路牙石，并等着路人搀扶他过马路。

研究者发现，决定人们是否愿意伸出帮助之手的主要因素是城市的拥挤度。如果城市的人口很多，拥挤度很高，人与人之间就会感觉更疏远，责任心会更少，也就更不愿意去伸手相助。在分析美国24座城市后，研究者们发现，在纽约市，上述实验得到帮助的比例最低，最高是田纳西州的诺克斯维尔。

然而，巴西的里约热内卢被证明是最愿意帮助他人的城市，那里的市民比哥本哈根人更愿意慷慨相助，尽管里约的人口是丹麦首都的12倍还多。（有一个奇怪的现象：哥本哈根市民更愿意提醒路人他的笔掉了，而非搀扶视障人士过马路。其中的原因可能是，丹麦人私人空间的标价很高，或者你也可以说，他们用的笔标价也很高。）那么为什么如此拥挤的里约，却有这么多乐于助人的好心人呢？

幸福小窍门：不要问，帮就是了

省略“如果你有什么需要我做的事，尽管让我知道”这种客套话，你知道你该干什么。

当我还是中学生时，一天下午我回到家，看到了邻居尼尔斯，他正在家门口的车道上铲着小石子，我拿起一把铲子就去帮他了。很明显，他是需要一些帮助的，我不用问都知道。几年后，我的母亲去世了，在她离世的几天后，尼尔斯和他的妻子瑞塔来我家敲门，对我说：“今晚来我家吃饭吧。”我们邻里间就是这样一种状态，你不用问别人是否需要什么，你直接给他们需要的帮助就可以了。我想说的是，有时候你没有理由去问对方是否需要帮助，上手帮就可以了。

在《美国科学家》杂志上刊登的一篇文章中，莱文教授在加利福尼亚州立大学的同事，社会心理学家阿罗尔多·罗德里格斯解释道，这种现象的出现有可能是因为语言和文化的作用："在巴西的葡萄牙语中，有一个重要的单词simpático，代表了一系列深得人心的社交优点，友好、为人善良、和蔼可亲和有教养，形容一个人很容易相处，跟他在一起很愉快。这是一种社交优势，巴西人希望别人把自己称作simpático。看到陌生人有需要，伸手相助也是这种优良品德的一部分。"simpático的重要性也能用来解释为什么在讲西班牙语的城市，大家都那么友善，比如说圣何塞、墨西哥城和马德里。

这个研究同时指出，在人们步行速度快的地方，人们也会伸出援助之手，但却没那么友好。在里约，大家会跟在掉笔的人后面，然后将笔递回所有者；而在纽约，人们则会对掉笔的人大叫一声作为提醒，然后自己继续赶路。

对罗伯特·莱文而言，纽约人比加尔各答人不友善这一点似乎说不通，我们接受的教育和周围人的行为方式对我们也产生了影响。在越来越多的人迁移到城市的现阶段，城市的人口也越来越稠密，我们如何能变得更善良似乎也经受着考验。

人们帮助陌生人的意愿

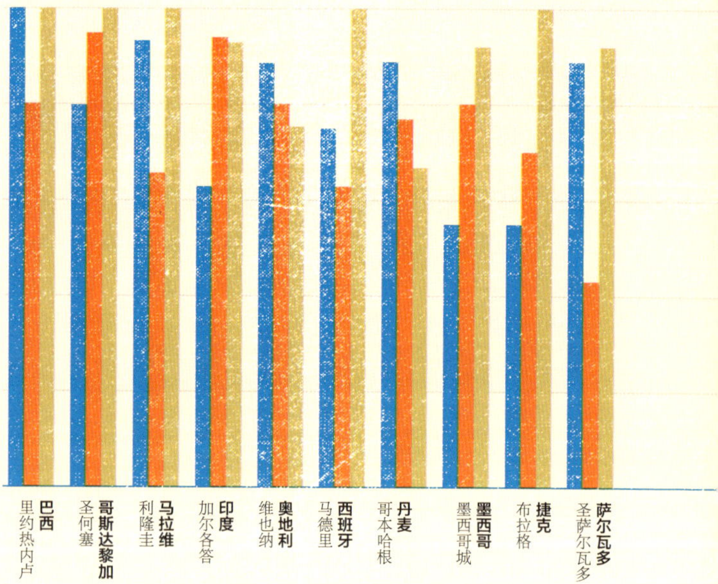

来源：罗伯特·莱文，《陌生人的善意：人们在城市大街上帮助陌生人的意愿在世界各地差异巨大》，出自《美国科学家》，2003年。

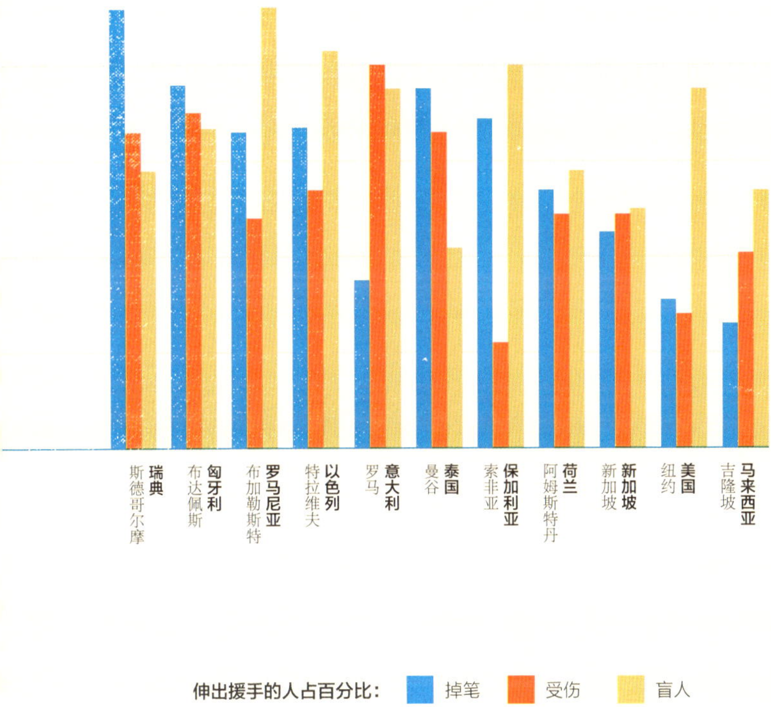
瑞典
斯德哥尔摩
匈牙利
布达佩斯
罗马尼亚
布加勒斯特
以色列
特拉维夫
意大利
罗马
泰国
曼谷
保加利亚
索非亚
荷兰
阿姆斯特丹
新加坡
新加坡
美国
纽约
马来西亚
吉隆坡
伸出援手的人占百分比：
掉笔
受伤
盲人

超级友好

“丹麦是世界上最幸福的人的家园。你也许认为既然我们最幸福，因而也应该最友善。错。”

拉斯的父亲是美国人，母亲是丹麦人，他是丹麦超级Flink运动的创始人。Flink一词在丹麦语中意为善良、友好、有教养。

2010年，他出版了一本书《超级友好——世界上最幸福的人如何变得最友好？》（*Fucking Flink – How Do the Happiest People in the World Also Become the Fucking Friendliest?*）这算是一本“友善宣言”，旨在激发丹麦人的主动性，在日常生活中变得更友好。

他的目的不是让人们通过多说“你还好吗？”“请”或“谢谢”，变得更客套，他想唤醒大家真诚友好的态度，多关心周围的人。拉斯是我认识的几个最善良的人之一，过去几年中，我们见了很多次面，每次见他都让我心情很好。

他相信善良的小举动能孕育更多善意。“在忘我的状态下关注别人的需求能让我自己更幸福。”在一个实验中，拉斯假装是停车场管理员，除了发放停车票以外，他还给那些考虑别人感受的车主发奖，比如说，车笔直地停在了线内，而且保持了与邻车的距离，一般他会把奖品放在风挡玻璃上。

他知道一本书不能带来什么改变，不足以让那些残忍的维京人后裔变成善意大赛的国际冠军，所以他在脸书上创建了一个页面，在那里人们能相互分享自己亲历的善意小故事。

2012年，这成了丹麦粉丝增长量最快的页面，现在坐拥20万关注者，这对于一个人口只有550万的小国来说，是一个很大的数字了。

“有一天，我在哥本哈根汉曹斯街的一家超市买东西，一对夫妻带着儿子也在那里采购。那个男孩大概8岁，患有唐氏综合征。当我采购完准备去结账时，我发现收银员在顾客排队区站着，而男孩则坐在收银机前开心地笑着。他正在为自己爸妈采购的东西扫码结账。‘您还需要什么其他帮助吗？’这个男孩问他的父母。付完钱后，他又把收据递了过去，然后跟收银员击掌庆祝任务完成。在离开超市时，我的脸上也挂着微笑，心里也觉得暖暖的。我很欣慰世界上有这么善良的人，愿意奉献自己的时间做这些事情，只为让别人感到幸福。”

这只是粉丝在脸书页面上分享的几千则故事中的一例，鼓励更多人释放善意，通过简单的事情来帮助别人，比如开顺风车载别人回家；孩子把自己的玩具送给朋友，让他们开心；还有人讲述了自己在医院候诊室的见闻，在那里他发现了毛线和针，还有一条织到一半的围巾，另附一张字条，写着：“在候诊时，您可以织上几针，在围巾成型后，我们会把它送给一名无家可归的人。”

去年，拉斯和他的团队一起开展了一项实验，就善意所带来的影响进行了研究。参与实验的981个人被随意分为两组，控制组的人像以往一样生活；而试验组的成员被要求每天要做一件好事，持续一周。在实验前后，所有参与者都回答了关于自己幸福感的一系列问题。结果表明，那些持续一周每天做好事的人更不易怒，更爱笑，感觉自己的生活也变得更有活力。

试验组的成员还记下来自己每天做的好事，一位40多岁的妇女写道："我给了超市收银员一个巧克力奶油泡芙，那名收银员非常惊喜，她开心地接受了。这种感觉很棒，当时我跟自己的两个孩子在一起，他们分别6岁和10岁，当我们离开超市后，他们说：'妈妈，这种事情真的很有意思，我们以后还这么做好不好？'我觉得那天我在孩子们的心里播种下了善良的种子。"

在试着让世界更加幸福和友善的道路上，拉斯并不孤独。在英国，幸福快乐行动组织（Action for Happiness）推崇"友善是让生活更加幸福的关键"这一观念，美国随机善举基金会（Random Acts of Kindness Foundation）鼓励人们成为"随机善意积极分子"（RAKtivist，Random Acts of Kindness activist），类似一种善行大使的称号。我觉得我们大部分人都很乐于助人，只是有时候不知道如何助人，我们跟克拉克一样，都希望这种善举停留在私人的层面。

还有一些平台，能让我们更好地去帮助别人。"成为我的眼睛"是一款丹麦手机应用程序，帮助视觉障碍人士同全世界的视觉训练助手通过视频连接起来，应用的下载和使用都是免费的。通过这个平台，帮手们帮助视觉障碍人士和盲人区分不同的商品，将物品同颜色配对，并对颜色进行一番解释，帮助寻找掉落的物品，或者简单地告知电灯是否已关闭。这款应用程序将人们通过语言和所在时区进行配对，所以如果你在凌晨4点需要帮助，你不需要担心会打扰别人的睡眠。

程序的用户遍布150个国家，超过35 000名视障人士和盲人得到了500 000视觉训练助手的帮助。换句话说，每一名需要帮助的人就对应着14个帮手。如果有了可使用的工具，将帮助范围设定在私人层面，并有效与需要帮助的人连接起来时，这个程序就能很好地反映人们助人为乐的意愿。

幸福小窍门：成为“随机善意积极分子”

开始做一些随机的小善举。

在www.randomactsofkindness.org网站上注册，成为全球善意团体的成员，或者加入社区的善行组织，比如丹麦的超级Flink运动（www.fuckingflink.dk）。先从简单的善举开始，例如，给别人真诚的赞美，帮助迷路的游客，把你喜欢的书借出去，告诉某个对你很重要的人你很珍惜他，等等。

与人为善

助人为乐好帮手

英国，伦敦：一名匿名人士在尽其所能免费帮助别人后，找到了自己生活的使命感和幸福。案例在第232至236页。

礼物至善交换项目

印度，海得拉巴：来自穷人和富人学校的学生们通过结对子，交换自己亲手做的礼物，来打破社会阶级之间的壁垒。

帮助无家可归者

波兰，华沙：市中心广场上立着抽屉摞起来的柜子，流浪者们在上面写下自己最需要的物品。路人可以把流浪者们需要的物品放在抽屉里。

给人类最好的朋友喂食，减少食物浪费

土耳其，伊斯坦布尔：为了使流浪狗免受饥饿折磨，土耳其的Pugedon公司发明了一款自动售卖机，塞进去空饮料瓶换取免费的狗粮。当人们把空瓶子从顶端放进机器中后，免费的狗粮会从下方出来。这种智能回收机器不会花费市政经费，回收后的利润能同狗粮的花销相抵。

最友好的表情

西班牙，马拉加：幸福研究所一直在世界上20多座城市中统计街上行人微笑的频率，马拉加荣登榜首。案例在第250页。

最友善的陌生人

巴西，里约热内卢：在“捡起陌生行人掉落的笔”和“帮助盲人过马路”两项实验中，巴西人是最热心的。案例在第254至255页。

第九章

把点连成线

把点连成线

“我们都爱抱怨。”

当时我正在法国的里尔天主教大学演讲，一位听众对法国幸福排名较低的原因给出了自己的答案。

“法国人太爱抱怨了。”他重复着这句话。

“我想我们可以试着去量化这一说法。”我回答，然后开始设想抱怨该如何作为考察对象纳入实验中，这项研究应该在人类学实验室进行，这个机构的名字听上去足够酷。具体方法是，为食客奉上不加盐的汤，然后监测到底有多少碗汤被退回。不幸的是，尚无先例。

但是，几周以后，一个爱沙尼亚人告诉我：“我们国家在很多方面都很棒，但爱沙尼亚人太爱抱怨了。”6个月后，又有人对我说：“我们葡萄牙人，实在是太爱抱怨了。”

或许爱抱怨并不为法国人所独有，也不是爱沙尼亚人和葡萄牙人的专长，全人类都有可能这样。我们人类都爱抱怨。

事实上，我认为应该有一个词来表示“抱怨的喜悦”这一情绪，那我们就来造一个吧：Beschwerdefreude。很明显这是个德语词汇，这门语言还有一系列奇怪的词，比如：Weltschmerz（字面意思是“世界之痛”，即为世界现状感到悲哀）；Schadenfreude（幸灾乐祸）；

* 事实上不是

除此之外，还有一个词表示用来道歉的礼物，（Drachenfutter，字面意思是“龙的饲料”）；随着年龄的增长而害怕机会溜下走的恐惧感（Torschlusspanik）；以及Kopfkino（字面意思是脑海中预演了整个场景，即“头脑电影院”）。

为什么我们那么倾向于注意到消极的一面呢？可能是因为消极能让我们变聪明。在哈佛商学院教授特蕾莎·阿马比尔的名为“聪明但无情”的研究中，她让人们通过《纽约时报》上摘下来的书评文章，来评估书评人的聪明程度。阿马比尔教授对这些文章进行了轻微改动，制作了积极和消极两个版本。两个版本间，她只是对文中的一些词进行了改动，比如说把“灵感迸发”换成“灵感全无”，用“没有潜力的”替代“有潜力的”。

比如，一篇积极的书评是这样的：“在这灵感迸发的128页中，阿尔文·哈特的第一本小说证明了他是一位极有潜力的美国青年作家。《漫长黎明》是一个带来巨大影响的短篇故事，一首散文诗。这部作品讲述了人生的基本过程——生、爱、死。行文中感情密集，以至于每一页都达到了优秀级别的写作水准。”

而一篇消极的是:“这128页的作品灵感全无，阿尔文·哈特的第一本小说证明了他是一位没有潜力的美国青年作家。《漫长黎明》是一个平淡无奇的短篇故事，一首散文诗。这部作品讲述了人生的基本过程——生、爱、死。行文中感情混乱，每一页都欠缺写作水准。”

一半人读了第一篇书评，另一半读了第二篇，所有人都为这位书评人的才智和技能打了分。尽管这两篇书评几乎一样，只是在语气上有积极和消极之分，调查参与者中，认为给出消极评价的书评者更有智慧的比积极的要高14%，而认为消极书评者更有文学素养的要高16%。阿马比尔教授写道：“对厄运和阴暗面的预测看上去更有智慧，且更有深度。”任何人都能说出来好听的话，但只有专家才有能力进行批判。”

所以，我们抱怨的原因可能是我们想让自己看上去更聪明，但因为进化的需要，我们也更倾向于将消极面坏事带来的影响扩大，那些更容易记住危险情境的物种更有可能繁衍生存下去。大多数人都能牢牢记住批评，而非赞美。我小时候学习很好，但我只记住了体育老师说我对运动一窍不通时的每一个字。

> ……为什么我们那么倾向于注意到消极的一面呢？可能是因为消极能让我们变聪明。

辨认散落的点，并把它们串成线

我的理解是，记住积极的一面，关注积极的事情，并找到能为我们解决问题的方法可能本来就不是我们的天性。

我意识到做这些事情可能会让我看上去很蠢，但对我来说，注意不到一个人把善良变成幸福，看不到一个人在物质财富之外发现真正的幸福才是愚蠢的事情。当我们收集到了足够的证据之后，我们就可以开始分析这些条目之间的关联了。

这类善意培养了信任和合作的精神。为社区花园贡献自己的力量不但能让我们更健康，还增强了人与人之间的联结。自由对我们的生命起到了支配作用，让我们的幸福并不取决于能挣多少钱。所有这些解释为什么有些人更幸福的原因都是相互联结的。我相信，如果把这些点连成线，我们不仅能让自己今天的生活更幸福，还能继续造福明天的后来者们。

在有些地方，这些点已经被连成线，不管有意还是无意。其中一个便是约克郡托德摩登小镇，一直到前几年，这个地方还默默无闻，这里有5万居民，工业革命让这里得到了发展，但也为这里带来了衰落。

但两年前，一群居民开始了一场自己的革命。其中一位领导者就是帕姆·沃尔赫斯特，一位女商人，小镇的前委员会主席。

“‘谁想加入，用本地的食品改变世界？’我们问道，并在咖啡馆里开了一次会。有60多人出席，在讨论了一会儿之后，一位居民突然站起来说：‘我们就这么做吧。种植、分享和烹饪都没问题。没必要写报告或者就此进行讨论。我们就这么开始干吧。’整个屋子的人突然沸腾了起来，那个时候，我就知道了我们是真心想干出成绩来。”这就是“不可思议的食物”（Incredible Edible）项目的开端。

现在，植物栽培床、果树和菜地占领了这个小镇每一块可用的土地。警察局外、消防站外、停车场、公墓，你没看错——公墓，小镇居民说那里的土壤格外肥沃。

这个项目对每个人传达的信息就是：随便拿吧，都是免费的。

很多学校都种植蔬菜和水果，孩子们帮忙在学校旁边开辟出菜地，学校里面也教授农业的相关课程。这个举动改变了学生们思考食品和健康的方式，他们管这个叫“园艺宣传”。此外，他们还找到了能团结所有人的共同语言，一门能联系不同年龄段、性别和文化背景的人的语言。

民以食为天，很明显，这门语言是关于食物的，同时还为大家提供了能相互连结在一起的共同点，谈论食物是团结不同人群的简单方式。人们之前总想做点什么，但他们不确定该怎么开始。

在托德摩登，每个人都能在这个项目中发挥作用，他们的名言是：你要吃饭，就得加入。一些人负责种植，一些人负责设计蔬菜种植床的标识，一些人负责烹饪这些菜。你可以是正式队员，也可以是替补，如果有特殊活动需要额外帮手，负责人会一次联系数百位居民。

“不可思议的食物”项目的建立基于三个方面，分别是社区、教育和商业。社区是指当地人每天都是怎么生活的；教育因素是指学校教孩子什么内容，有些什么技能孩子们可以相互分享，相互学习；而商业方面则指的是自己的钱该如何花，该选择支持哪一门生意。

他们建立了重振小镇经济的信心，还带动了新型旅游业的发展——蔬食观光游。商店内，本地产的食物比例大幅增加，49%的食品商贩表示，因为这个项目，产品的质量也得到了提升。小镇的居民进而发起“每个蛋都重要”（Eveny Egg Matters）项目，来鼓励居民养鸡，并在本地售卖鸡蛋。线上地图显示了这些食品都在哪里售卖，而本地食品生产商的数量也由刚开始的4个增长到现在超过60个。

不管是决定幸福的三个方面还是六个因素，它们之间的关系都是相互促进，互利互惠。托德摩登的居民在没有战略文件的指导和任何政府支持的情况下，取得了不俗的成就。现在这个项目已经在全英国，甚至全世界铺开。

在100多个地方，人们开始像公民一样为社会的发展贡献力量，而不是仅仅把自己当成顾客；他们开始重新考虑如何重塑自己的社区，赋予生命以使命感；这些人证明了文化人类学家玛格丽特·米德的结论：

> “永远不要怀疑一小群有思想、有决心的公民改变世界的能力，事实上，这是有史以来最为美妙的事。”

幸福小窍门：借助社区建设

把与人为善同决定幸福的其他五个因素结合起来。

到现在，你应该已经能想出好点子如何帮助别人，如何释放更多的善意和如何让世界变成更幸福的地方——为自己也为别人。将友善同这本书探讨的其他五个因素结合起来。你可以尝试友善的团结，比如邀请刚搬到一个新地方的人共进晚餐。你可以花钱买善意，试想多余的10块钱要给谁，在什么样的情况下带来最大的幸福。你也可以在健康方面表现出友善，比如参加慈善跑步活动。你可以通过帮别人带孩子或者做饭，给对方一个空闲的夜晚。对陌生人释放善意，形成信任，让对方觉得这个世界很美好。换句话说，将这些散落的点串成一条线。

成为我的眼睛

写这本书的目的不是让大家忽视我们所遇到的挑战。我能很真切地体会到许多人生活中的挣扎，他们正处于多么艰难的时期，以及所面对的风险有多大。

但这些不是我们屈服于恐惧、不信任和愤世嫉俗的理由，所有这些因素都让我们离幸福越来越远。

能让我们前进的不仅有信任与合作的精神，相互守望照顾的意识；还有克服恐惧，对陌生人施善的行动；还有重新设计我们的城市，以确保我们的健康和幸福程度，并将生活质量从明码标价的数字中解放出来。

现在到了寻找这个世界积极一面的时候了，在这方面，我需要你们的帮助。

这本书的主要目标是带大家开始一场寻宝之旅，我希望你们已经找到了一些幸福财富的藏宝箱，我还希望你们能知道，还有更多的宝藏值得我们去发掘。

鉴于此，我需要你们成为我的眼睛，来继续我对幸福的追求，展示这个世界上存在的美好，并将它们带到聚光灯下，一起携手将它们散播出去。

我们来稍微改一下“如果你看到什么，就说什么”这句名言，如果你看到什么能使自己，以及所在的社区或世界更幸福的方法，用自己的话说出来，用笔写下来，用摄像机拍下来，拿照相机照下来，并传递出去。

在幸福研究所，我们在社交媒体上一直跟踪“寻找幸福”这一话题的进展。告诉我们哪些方法对提高生活质量很奏效，不同的人和社会是如何一步一步走向幸福的。我们在寻找微型图书馆和社区花园的好例子，还有所有那些我们不知道的事物。我们想倾听不同人的看法和观点，将这些付诸于实践对你和周遭的环境起到了什么积极的影响。

最重要的是，能让你找到积极影响周遭环境，让我们的世界变得更幸福的方法。我们需要更多的梦想家和实干家，更多的善意创造者，更多的幸福英雄和变革冠军。

这是需要我们每一个人都做出贡献的希望。

以现在世界发展的趋势，有些人可能会把这叫作错误的希望，但关于希望，从来就没有错误一说。

记住：当一名悲观主义者毫无意义，用悲观面对人生从来都不会成功。

图片来源

P Ⅲ 克里斯·麦安德鲁

P7 科斯坦科·马克西姆/Shutterstock图片库

P10 泰·斯坦奇/哥本哈根媒体中心

P12 凯·维甘德/Shutterstock图片库

P20 D.A.巴尼斯/Alamy Stock Photo图片库

P28 克里斯蒂安·旁多皮丹·拉森/recordingsofnature.wordpress.com

P31 非洲摄影工作室（Africa Studio）/Shutterstock图片库

P35 哥本哈根媒体中心

P40 泰·斯坦奇/哥本哈根媒体中心

P43 瓦差林·威曼加突隆/Shutterstock图片库

P52 莎妮·格雷厄姆/ecoburbia.com

P63 拉斯穆斯·弗林特·彼得森/哥本哈根媒体中心

P73 66号公路/Shutterstock图片库

P77 叶卡捷琳娜·鲍科洛夫斯卡娅/Shutterstock图片库

P78 图片压缩者（Graphic Compressor）/Shutterstock图片库

P85 我是小仙子（PixieMe）/Shutterstock图片库

P91 大明星工作室（Monstar Studio）/Shutterstock图片库

P98 基于娜塔莉亚·利索夫斯卡娅图片调整/Shutterstock图片库

P105 阿莱克斯丽娜/Shutterstock图片库

P106 Photo_master2000摄影/Shutterstock图片库

P108 詹姆斯·惠特洛克/Shutterstock图片库

P110 金中凯/Shutterstock图片库

P121 乔纳森·纳克斯特兰德/Shutterstock图片库

P129 大小制作（Daxiao Productions）/Shutterstock图片库

P133 凯思伯·赛伊/哥本哈根媒体中心

P135 IR Stone图片/Shutterstock图片库

P139 天际线图片（Skylines）/Shutterstock图片库

P142 Freebilly摄影/Shutterstock图片库

P137 达莉娅·加尼克/Shutterstock图片库

P157 Mapics图片/Shutterstock图片库

P159 Rawpixel.com/Shutterstock图片库

P162 娜塔莉·道尔/Shutterstock图片库

P164 Rawpixel.com/Shutterstock图片库

P174 纯片图片（Purepix）/Alamy Stock Photo图片库

P177 伊拉夫谷斯丁（Iravgustin）/Shutterstock图片库

P189 E2dan摄影/Shutterstock图片库

P202 塔季亚娜·鲍伯科娃/Shutterstock图片库

P212 里希肯（Rishiken）/Shutterstock图片库

P218 72工作室（Studio72）/Shutterstock图片库

P227 蒂姆·盖尼/Alamy Stock Photo图片库

P233 全角图片（All Around Photo）/Shutterstock图片库

P243 普里诺摄影（Purino）/Shutterstock图片库

P246 Rawpixel.com/Shutterstock图片库

P255 Marchello74摄影/Shutterstock图片库

P263 斯坦尼斯劳·米库而斯基/Shutterstock图片库

P270 Chainarong 06摄影/Shutterstock图片库

P272 阿拉斯泰尔·华莱士/Shutterstock图片库

P276 G-stock工作室/Shutterstock图片库

致谢

感谢卡尔坦·安德斯比约、柯尔斯顿·弗兰克、辛迪·昂格尔、蓝瓦·鲍尔森·约森、玛利亚·里斯维格、加布·鲁丁、玛丽·路易斯·多诺伊、黛丝·拉斯姆森、迈克尔·麦尔斯克-穆勒、玛丽·伦比、莉莎·马奇隆德、莫尔顿·特洛姆霍特、迈克尔·比尔克雅尔、约翰·詹森、费利西亚·奥伯格、玛丽亚·斯塔摩尔·胡姆鲁姆、玛丽·朗奇·汉森、莉迪娅·基尔希纳、雅各布·费舍、瓦内萨·扎卡里亚、伊莎贝拉·阿连德和泽维尔·兰德斯，感谢他们对此书的帮助。

在工作上，一定要聘用比你聪明的人。对我来说，我没有费什么力气就找到了这些人，他们也一直有着坚定的信念让世界变得更美好。这些得力的同事不但帮我丰富了这本书的内容，还让幸福研究所的工作变得井井有条。

图书策划　文艺社

策划编辑　李静媛　陈小芬
责任编辑　陈小芬
营销编辑　罗文悦
装帧设计　江山社稷书匠|中信创意工场

出版发行　中信出版集团股份有限公司

服务热线：400-600-8099　网上订购：zxcbs.tmall.com
官方微博：weibo.com/citicpub　官方微信：中信出版集团
官方网站：www.press.citic